青少年编程能力
等级测评
一级教材

◎青少年编程能力等级测评委员会　编著

电子工业出版社

Publishing House of Electronics Industry

北京·BEIJING

内 容 简 介

本书以图形化编程设计思维为出发点，培养学生数学逻辑思维；以普适性较好、兼容性较高的 Scratch 软件为例，讲解图形化编程的基本概念、基础知识，以及常见的三种程序结构的设计思路及思维方法等。以项目的形式，将知识点巧妙地融入到案例作品的创作中。本书最大的特点是以童心作为设计的着重点，以五个主题式项目的制作，激发孩子的好奇之心、童趣之心、仁爱之心、公益之心和爱美之心。

本书是青少年编程能力等级测评一级教材，可作为校外机构的培训教材和初学者的入门教材使用，也可以作为孩子和家长自学的教材使用。

图书在版编目（CIP）数据

青少年编程能力等级测评一级教材 / 青少年编程能力等级测评委员会编著.
—北京：电子工业出版社，2019.11
ISBN 978-7-121-37433-3

Ⅰ.①青…　Ⅱ.①青…　Ⅲ.①程序设计 – 教材　Ⅳ.① TP311.1

中国版本图书馆 CIP 数据核字（2019）第 202082 号

责任编辑：毕军志
印　　刷：中国电影出版社印刷厂
装　　订：中国电影出版社印刷厂
出版发行：电子工业出版社
　　　　　北京市海淀区万寿路 173 信箱　邮编：100036
开　　本：787×1 092　1/16　印张：11.25　字数：216 千字
版　　次：2019 年 11 月第 1 版
印　　次：2019 年 11 月第 1 次印刷
定　　价：69.80 元

2017 年 7 月，国务院正式印发《新一代人工智能发展规划》，确立了新一代人工智能发展三步走的战略目标。该发展规划提出：在中小学阶段设置人工智能相关课程，逐步推广编程教育，鼓励社会力量参与寓教于乐的编程教学软件、游戏的开发和推广。2018 年 1 月，教育部普通高中课程标准方案颁布，在《普通高中通用技术标准（2017 年版）》中也将人工智能、物联网、编程等写入新课标。

大数据、人工智能、机器人在各个高、精、尖行业中的广泛应用已经屡见不鲜，网络化、信息化、智能化的时代已经向我们迎面走来。我们所处的这个时代，国家需要大量科技创新综合能力强的人才，即具备逻辑思维、工程思维、计算思维和综合学科能力，以及团队合作和沟通等全方位能力的人才。少儿编程正是培养孩子综合创新能力最有效的手段，它是跨学科整合知识的最佳途径。在此背景之下，我们依据国家标准委员会《青少年编程能力等级标准》编写了《青少年编程能力等级测评》系列教材。

教材根据青少年编程教育的特点，将人工智能技术编程思想与中小学课程相结合，以任务式学习的学习方式，设置课程体系。以独创模块游戏的方式介绍编程的基本概念，引导孩子独立解决并优化相关游戏中的编程问题，提升在实践中探究与创新的能力，使编程教育成为培养跨学科解决问题能力、协作能力等综合能力的素质教育。

《青少年编程能力等级测评》系列教材分为两个系列：图形化编程和代码编程。图形化编程分为 1 ~ 3 级，代码编程分为 1 ~ 4 级，每级对应不同的认知能力，进行"答题＋实际编程"的逐级考核。

登录网站 https://www.cpatest.cn/，了解更多"青少年编程能力等级测评"详细信息。

本书由嵇宏策划，刘明非、郑建春担任主编，负责编写大纲和全书统稿。第一章、第二章由陈宝杰编写，第三章、第五章由王东芳编写，第四章、第六章由孙立娟编写。

限于作者水平有限，书中不妥之处在所难免，敬请广大读者批评指正。

青少年编程能力等级测评委员会

目录

第一章
图形化编程软件基础

第1节　图形化编程

1.1　编程与计算机语言

编程是"编写程序"的简称。为了使计算机能够理解人的意图，需要将解决问题的思路、方法和手段通过计算机能够理解的形式告诉计算机，使计算机能够根据人的指令一步一步去工作，完成某种特定的任务。这种人和计算机之间交流的过程就是编程。编程不一定是针对计算机程序而言的，针对具备逻辑计算力的计算体系，都可以视为编程。

知识点

★ 编程的概念

★ 计算机语言的概念

★ 图形化编程中程序、脚本、指令的概念

★ 程序的三种基本结构

计算机语言（Computer Language），即编程语言，是人与计算机之间通信的语言。计算机语言有三大类：机器语言、汇编语言和高级语言。

1946 年 2 月 14 日，世界上第一台计算机 ENIAC 诞生，使用最原始的穿孔卡片承载语言。这种卡片上使用的语言只有专家才能理解，与人类语言差别极大，被称为机器语言。机器语言是用二进制表示的能被计算机直接识别和执行的一种机器指令的集合。如图 1-1 所示，指令由"0"和"1"组成。机器语言编写的程序无明显特征，难以记忆，不便阅读和书写，且依赖于具体机种，局限性很大，机器语言属于低级语言。

当计算机语言发展到第二代时，出现了汇编语言。汇编语言用助记符代替操作码，用地址符号或标号代替地址码。这样就用符号代替了机器语言的二进制码。汇编语言也称为符号语言，如图 1-2 所示。使用汇编语言编程需要具备计算机专业知识。

序　号	指　令		
1	0000 0000	0000 0100	0000 0000 0000 0000
2	0101 1110	0000 1100	1100 0010　0000 0000 0000 0010
3		1110 1111	0001 0110　0000 0000 0000 1011
4		1110 1111	1001 1110　0000 0000 0000 1011
5	1111 1000	1010 1101	1101 1111　0000 0000 0001 0010
6		0110 0010	1101 1111　0000 0000 0001 0101
7	1110 1111	0000 0010	1111 1011　0000 0000 0001 0111
8	1111 0100	1010 1101	1101 1111　0000 0000 0001 1110
9	0000 0011	1010 0010	1101 1111　0000 0000 0010 0001
10	1110 1111	0000 0010	1111 1011　0000 0000 0010 0100
11	0111 1110	1111 0100	1010 1101
12	1111 1000	1010 1110	1100 0101　0000 0000 0010 1011
13	0000 0110	1010 0010	1111 1011　0000 0000 0011 0001
14	1110 1111	0000 0010	1111 1011　0000 0000 0011 0100
15			0000 0100　0000 0000 0011 1101
16			0000 0100　0000 0000 0011 1101

图 1-1　机器语言

```
地址          源程序                              注解
              ORG      2000H          ;程序机器码从 2000H 单元开始存放。
LABLE0   EQU      2100H          ;将地址 2100H 赋给标号 LABLE0
LABLE1   EQU      2101H          ;将地址 2101H 赋给标号 LABLE1。
LABLE2   EQU      2102H          ;将地址 2102H 赋给标号 LABLE2。
2000     MOV      DPTR，#LABLE1   ;加数地址 2101H 赋给 DPTR
2003     MOVX     A，@DPTR        ;取出加数 38 送入累加器 A
2004     MOV      B，A            ;转存到 B 寄存器中
2006     MOV      DPTR，#LABLE0   ;被加数地址 2100H 赋给 DPTR
2009     MOVX     A，@DPTR        ;取出被加数 55 送入累加器 A
200A     ADD      A，B            ;55H+38H 得 8DH 送 A
200C     DA       A              ;调整为十进数 93
200D     MOV      DPTR，#LABLE2   ;和的地址 2102H 赋给 DPTR
2010     MOVX     @DPTR，A        ;将 93 送入 2102H 单元。
2011LOP: SJMP     LOP            ;循环结束
         ORG      0100H          ;从 2100H 单元开始存放数据
2100LABLE0:  DB   55H，38H        ;55 存放在 2100H 单元中。
2101     （或      DW  5538H）     ;38 存放在 2101H 单元中。
         END                     ;汇编程序结束。
```

图 1-2　汇编语言

当计算机语言发展到第三代时，就成为"面向人类"的高级语言。高级语言是一种接近于人们使用习惯的程序设计语言。它允许用英文编写计算程序，程序中的符号和算式也与日常用的数学式子差不多。高级语言有流行的 Visual Basic. NET、Java、C++、Foxpro、Delphi、Python，等等。高级语言所编写的程序不能直接被计算机识别，必须经过转换才能被执行。

1.2　图形化编程简介

随着 STEAM 教育受到社会的普遍重视、人工智能的进一步发展，编程离生

活越来越近。越来越多的人开始学习编程技术，青少年编程已经成为时代和社会的需要。但复杂的编程语言、繁多的代码指令对于青少年来说存在一定的难度。如何能让青少年学得懂，学得会呢？

图形化编程语言应运而生，图形化使得学习编程变得更加容易和直观。使用者不需要掌握高级语言中那些复杂的概念和语法，用图形化拖放积木的交互形式即可完成程序的编写。图形化编程平台的使用可以提高编程兴趣，同时提升对指令的理解，也能够直观地看到自己的编程进度，获得学习的成就感。让学习过程轻松有趣，适合青少年的认知能力和心智水平。

目前比较流行的图形化编程软件有很多，例如，Scratch、Mind+、编程猫、Linkboy、Mixly For Arduino、Match up，等等。针对机器人控制的图形化编程平台有乐高 EV3、乐博 Rogic、慧编程、KOOV，等等。

图形化编程软件一般采用鼠标拖放积木的方式来编程，使用者像搭积木一样，完成程序的编写。只有符合计算机逻辑的积木才会组合在一起。程序是实时运行的，使用者可以反复修改程序，以求达到最好的效果，实现作品功能。图形化编程语言示例如图 1-3 所示。

（a）Scratch　　　　　　　（b）乐高

图 1-3　图形化编程语言示例

1.3　图形化编程中的基本概念

1. 积木、指令、脚本、程序

想让计算机完成某件事情，需要告诉计算机如何一步一步操作，每一步就是一条指令。在 Scratch 中，一块积木就是一条指令，能实现具体的功能。

指令的集合就是程序。脚本就是一段程序代码，通常要比程序小，且功能比程序有限。

2. 程序结构

不同的积木按照一定的逻辑结构组合起来，就形成了程序结构。程序结构有三种：顺序结构、选择结构和循环结构。

顺序结构是一种线性、有序的结构，自上而下依次执行每一条指令。

选择结构也叫分支结构，Scratch 中有单分支结构和双分支结构，根据判断条件成立与否来选择程序执行的路线。

循环结构用于某段需要重复执行的程序。

任何简单或复杂的算法都可以由顺序结构、选择结构和循环结构这三种基本结构组合而成。在实际应用中，经常会运用几种结构的组合来实现程序的设计思想。

程序编写是为了表达使用者的想法或实现创意。任何一种计算机语言，只有掌握了它的语言和语法，才能够更好地进行交流和创造。

本节的知识结构如图 1-4 所示。

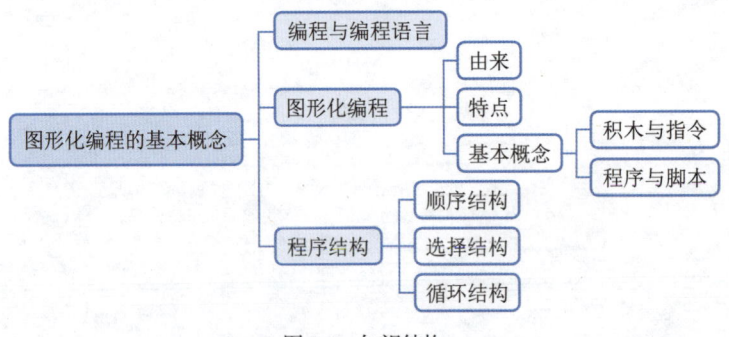

图 1-4　知识结构

🅰 **思考题**

1. 图形化编程的特点是什么？

2. 程序结构有哪三种，分别适合处理什么类型的问题？

冯·诺依曼计算机

1946 年，世界上第一台电子多用途计算机 ENIAC 研制出来，它被认为是现代计算机的鼻祖（硬件）。同时，数学家冯·诺依曼与莫尔小组合作研制的 EDVAC 计算机，采用了存储程序方案（软件）。至今，无论大、中、小、微型计算机，在开发计算机系统时都采用这种存储程序方式，被称为冯·诺依曼计算机，也被称为普林斯顿结构，如图 1-5 所示。

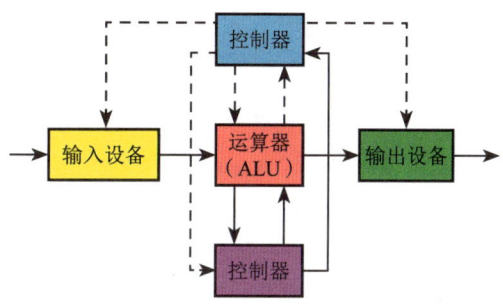

图 1-5 普林斯顿结构

第 2 节　Scratch 基础

2.1　Scratch 3.0 版本

Scratch 一经推出就受到了广大青少年的欢迎，它支持多国语言，使软件得以在全球范围内被广泛使用与传播。发展至今已经更新到 3.0 版本。Scratch 1.0 版本在 2007 年第一次公开发布，随后在 2012 年又推出了 Scratch 2.0 版本。2019 年推出了变化较大的 Scratch 3.0 版本。本书要学习的正是最新的版本 Scratch 3.0。

知识点

★ Scratch 新版本的变化
★ Scratch 的三种使用模式及离线编辑器的安装方法
★ Scratch 编辑器的界面
★ 编辑器中角色、舞台、背景、积木的使用

Scratch 3.0 是基于 HTML5 技术开发的，这是与之前版本的一个显著区别。之前的版本是基于 Adobe Flash 开发的。Scratch 3.0 版本支持 Chrome、Firefox 和 Safari 等浏览器的桌面版，还支持 Chrome 和 Safari 的移动版。Scratch 3.0 的界面主要有如下几点重大变化。

1. 界面布局的变化

新的界面布局更直观，新用户更加容易上手，可以使用鼠标滚轮进行各个功能模块的切换，如图 2-1 所示。

2. 增强了对硬件的支持

Scratch 3.0 整合并添加了扩展模块，如图 2-2 所示。例如，文字朗读模块，可以让角色"说话"；翻译功能可以翻译多种语言；扩展了 Makey Makey 插件，把有创意和趣味性的硬件加进来；乐高 EV3 在新版本中可以使用，增加了应用场景。

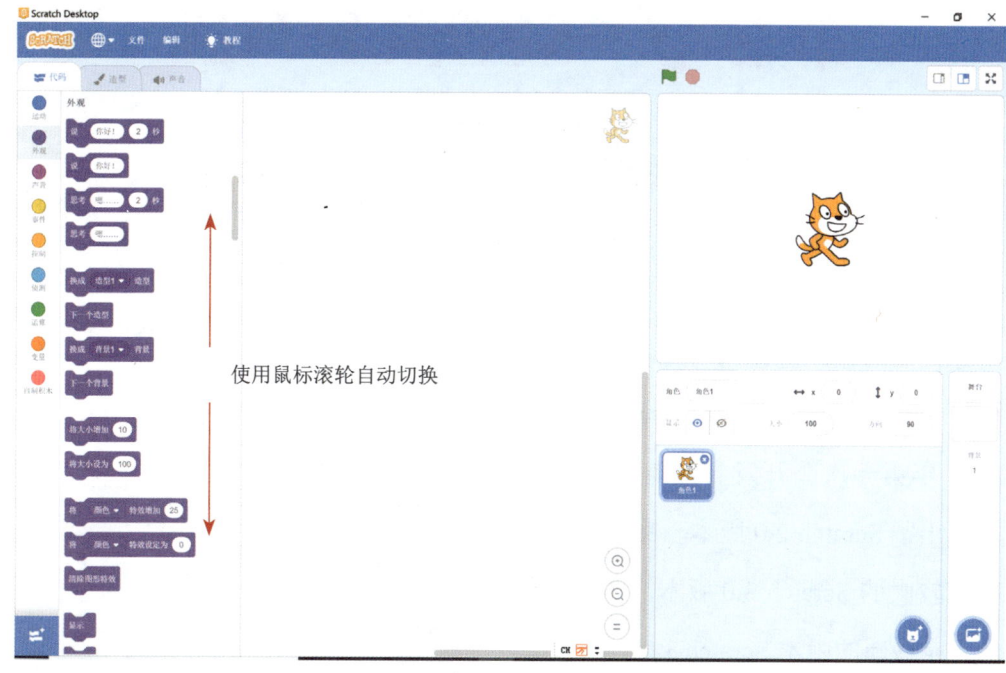

图 2-1　Scratch 官网界面

图 2-2　扩展模块

2.2　Scratch 3.0 的使用模式

　　图形化编程软件一般有在线和离线两种方式，也有一些软件可以运行在移动终端上。Scratch 3.0 拥有以下三种使用模式。

1. 在线模式

在线模式的网站界面如图 2-3 所示。

图 2-3　Scratch 3.0 界面

如果网站打开后是英文，可将滚动条拉到网站的底部，如图 2-4 所示，选择"简体中文"，整个网站的文字就会变成中文。

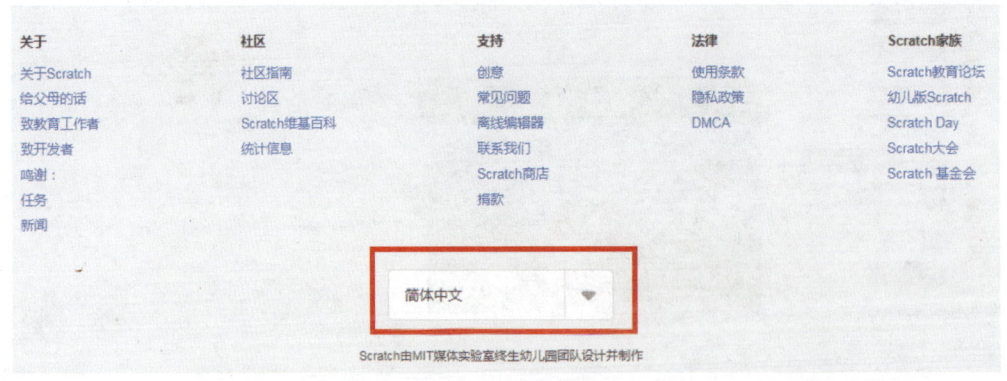

图 2-4　切换为中文

Scratch 3.0 页面的资源非常丰富，可以创建自己的作品，还可以查看全世界使用者的作品。在线编程，需要注册一个登录账户。单击右上角的"加入 Scratch 社区"按钮，会弹出一个注册窗口，如图 2-5 所示。

填写信息完成注册并登录。单击"创建"按钮或者"开始创作"按钮，就可以在网页端在线编程了。在线编程的界面与离线编程的界面相似，只是在线

编程界面右上角多了"加入 Scratch"和"登录"两个按钮，如图 2-6 所示。

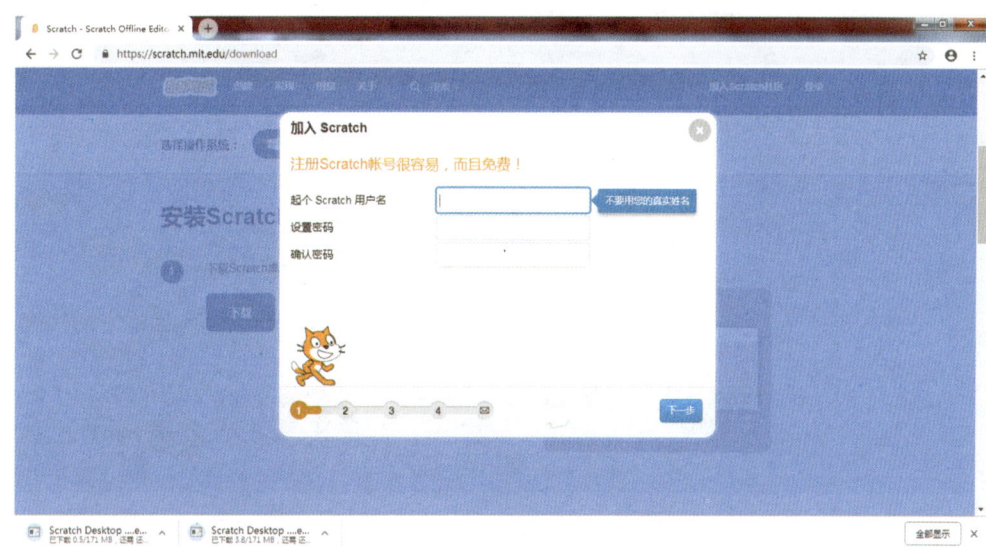

图 2-5 注册窗口

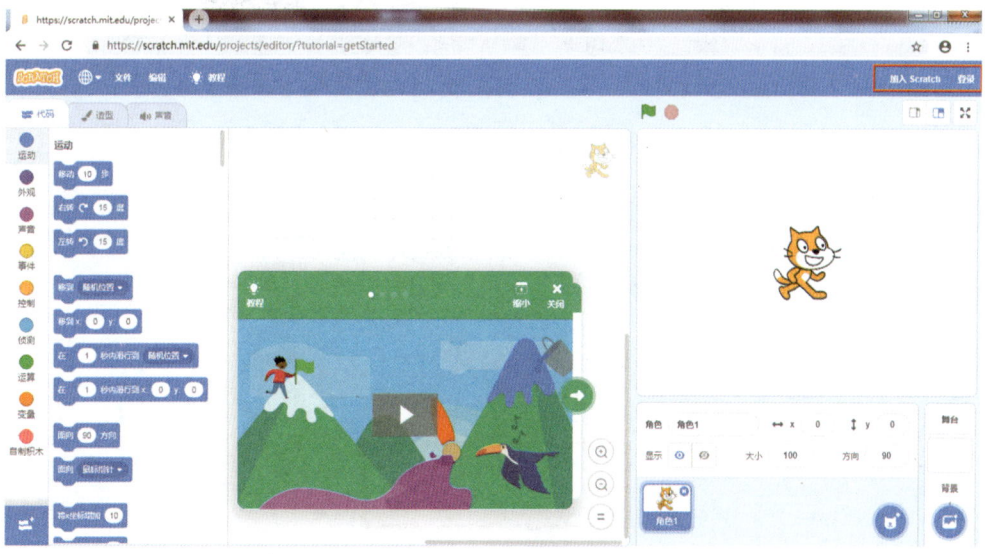

图 2-6 在线编辑器

2. 离线模式

打开 Scratch 官网，在页面底端"支持"类别中选择"离线编辑器"，如图 2-7 所示。Scratch 离线编辑器支持 Windows 10 和 Mac OS。下面以 Windows 为例介绍安装步骤。在"选择操作系统"处选择"Windows"，单击"下载"按钮，即可下载离线版本，如图 2-8 所示。

图 2-7　下载软件界面

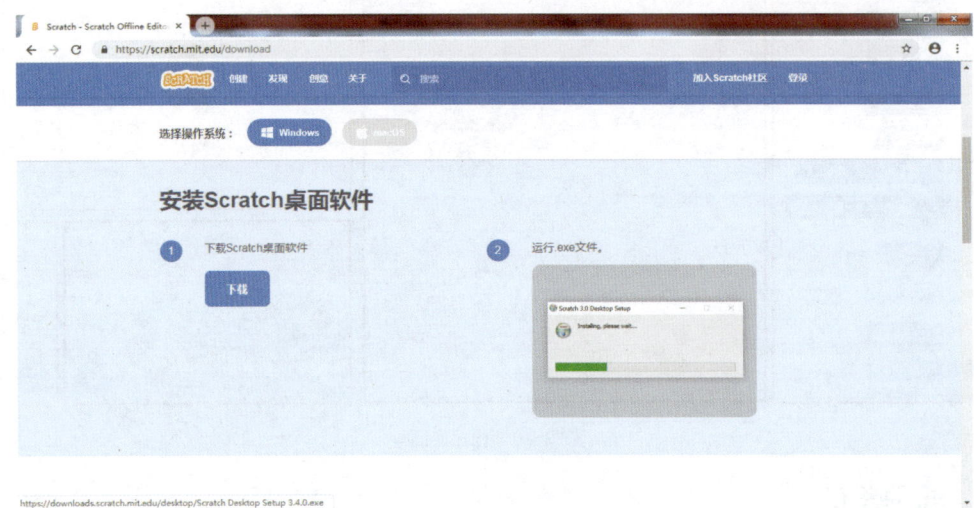

图 2-8　下载页面

双击下载成功后的文件，依据提示，按步骤安装 Scratch 3.0 离线版。

3. 移动端模式

在苹果 iPad 的 APP Store 中搜索 Scratch 3.0，下载"米加 Scratch 3"，即可在移动端进行作品的创建、编写和存储，如图 2-9 所示。

图 2-9　移动端编辑器

2.3　Scratch 离线编辑器

Scratch 离线版安装完毕，桌面上会出现一个快捷方式图标，双击快捷方式，打开 Scratch 离线编辑器，启动后的程序界面如图 2-10 所示。

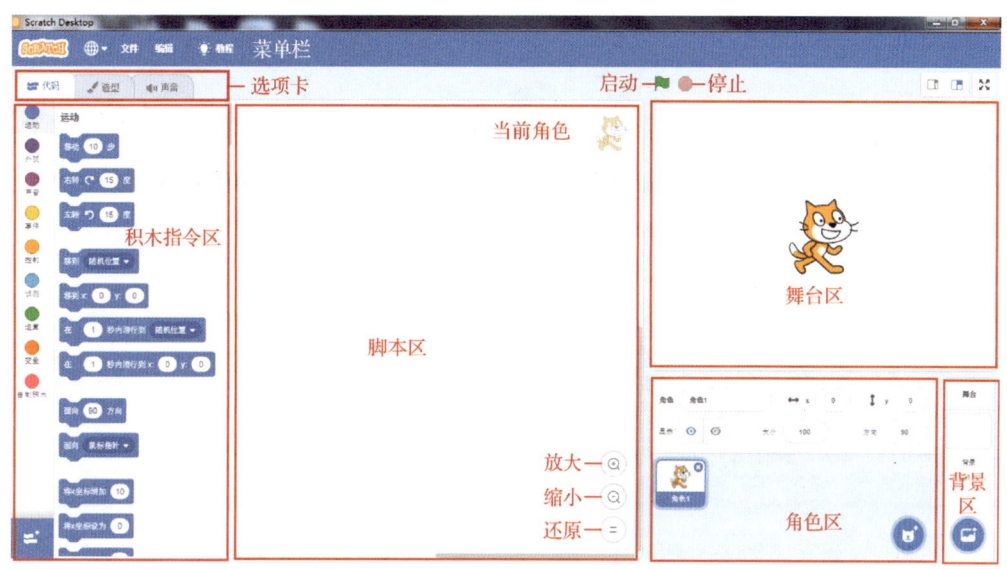

图 2-10　程序界面

1. 菜单栏

🌐▾ 菜单：单击此菜单，在弹出的列表中可以选择界面的语言，如选择"简体中文"。

文件 菜单：单击"文件"菜单，出现三个子菜单："新作品"——创建作品；"从电脑中上传"——打开原有作品；"保存到电脑"——保存作品。

编辑 菜单：编辑菜单中有"恢复"和"打开加速模式"两个子菜单。"恢复"一直是禁用状态，可以忽略。单击"打开加速模式"，舞台上方会显示"加速模式"　🏁 🛑 ⚡加速模式 。"打开加速模式"一般用不到，当需要大量运算的时候单击它，程序运行会更快。

💡教程 菜单：单击"教程"菜单，会出现很多视频教程供学习者学习。

2. 角色区

角色区位于舞台的下方，用于显示角色列表。

什么是角色？

在电影或电视剧中总会有很多角色，在 Scratch 中，角色就是在舞台上执行程序命令的主角，按照编写的脚本做动作、发出声音，或者完成一些任务。所有角色都显示在角色区。

在角色区可以添加、删除、复制角色，也可以对角色的属性进行修改。

3. 舞台区

舞台是角色表演的场所，也是运行程序和观看效果的场所。

舞台区的上方有两个按钮 ，分别用于启动和停止程序。

舞台区的右上方有三个舞台布局按钮 ，可根据显示需要选择相应的按钮。程序默认选择中间的布局样式。如果想让舞台全屏显示，可以选择最后一个"全屏模式"按钮。

4. 背景区

背景区用于为舞台设置背景，显示角色出现时所在的场景。默认情况下是一个空白的背景。单击"选择一个背景"动态按钮，可以添加新的背景。

5. 选项卡

当在角色区单击某个角色时，会打开"代码"选项卡、"造型"选项卡和"声音"选项卡，如图 2-11（a）所示。

当在背景区单击背景时，会打开"代码"选项卡、"背景"选项卡和"声音"选项卡，如图 2-11（b）所示。

"代码"选项卡中提供了 100 多个积木供使用，"造型"选项卡可以用来编辑角色的造型，"声音"选项卡可以对声音进行编辑，"背景"选项卡可以对背景进行编辑。

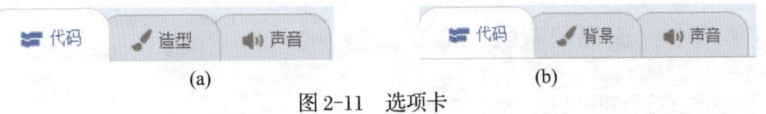

(a)　　　　　　　　　(b)

图 2-11　选项卡

🔊 **注意：** 单击背景缩略图的时候，"运动"模块中的积木是不可用的。

6. 积木指令区

积木指令区提供了"运动"、"外观"、"声音"、"事件、"控制"、"侦测"、"运算、"变量"和"自制积木"等九个模块，每个模块中又有若干同类别的积木。这些不同类型的积木用不同的颜色表示。可以将这些积木拖放到脚本区，组成想要实现的程序。

积木指令区的下方有一个"添加扩展"按钮，单击该按钮会显示多种扩展模块，实现功能扩展。

7. 脚本区

编辑器中间的空白区域是脚本区，将积木拖放到这里并进行各种组合，可用来操作角色或背景，如图2-12所示。

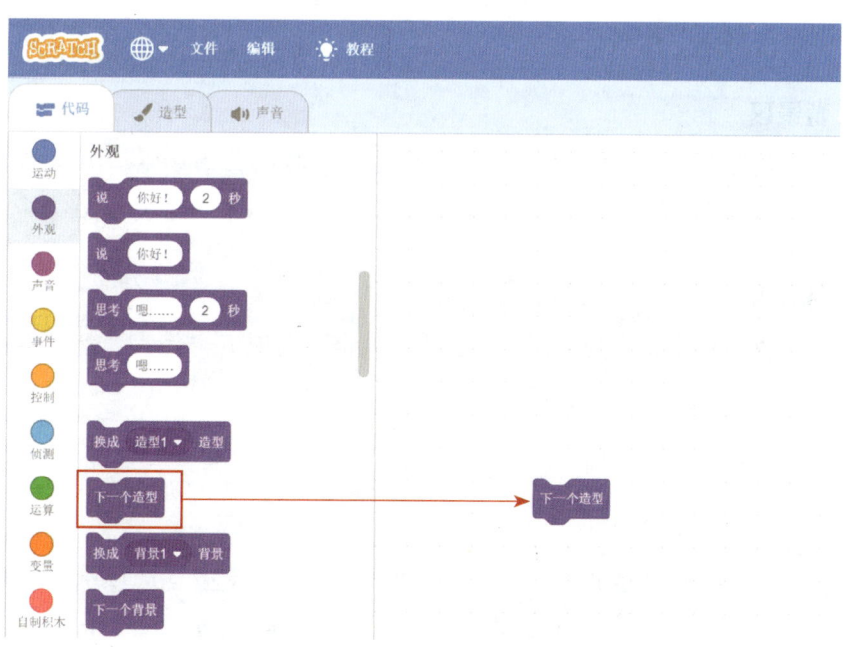

图 2-12　拖动积木到脚本区

如果想删除某个积木，可以单击鼠标右键，在弹出的菜单中，选择"删除"命令，如图2-13所示；也可以将积木拖回积木指令区。

在脚本区的右上方，显示出了当前角色的缩略图，明确当前是对哪个角色编程。脚本区的右

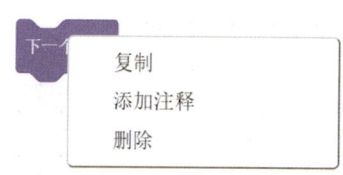

图 2-13　删除积木

下角有三个按钮，分别用来放大脚本视图、缩小脚本视图和还原脚本视图。

8. 积木拼接

只有符合程序逻辑的积木才能够组合在一起。拖动第二块积木放置在第一块积木的下方，当接近时会出现一个灰色区域，表明这是可以组合在一起的，如图 2-14 所示。

如图 2-15 所示的情况是无法组合在一起的，属于错误的拼接方式。

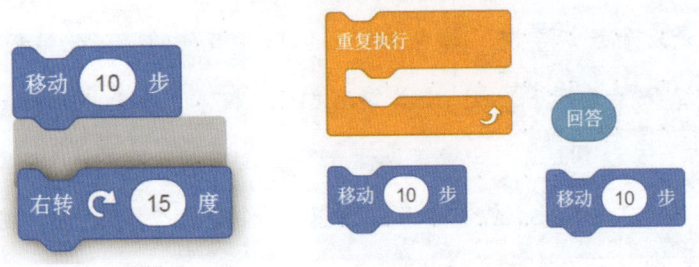

图 2-14 积木拼接   图 2-15 错误拼接

智慧点

Scratch 是众多优秀的图形化编程软件中的一种。通过对 Scratch 的学习，可学习到图形化编程软件的一些共性知识，如积木拖放、拼接、控制角色、布置舞台、掌握基本的程序逻辑，等等。

本节的知识结构如图 2-16 所示。

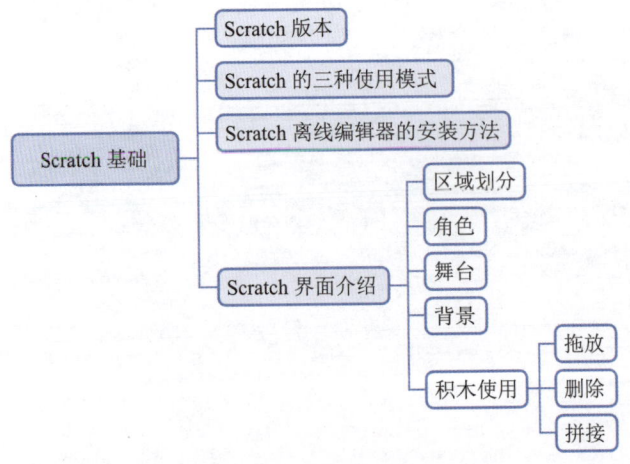

图 2-16 知识结构

 思考题

1. 请说出角色和舞台的关系。
2. 请说出角色和脚本的关系。

 知识链接

Scratch 的前世今生

Scratch 是麻省理工学院"终身幼儿园团队"开发的图形化编程工具。

Scratch 经历了基于 Squeak 技术编写的 1.x 版本；基于 ActionScript 技术编写的 2.0 版本（依赖 Flash），如今，基于 HTML5 技术编写的 3.0 版本已上市。

（1）2.0 较 1.0 的变化：充分运用云思想，软件变为在线版，强调分享的理念；缺点是课堂受制于网络；增加了自定义函数，引入了模块化设计的思想；增加了矢量图和位图的转化，使图像效果更好；增加了摄像头传感器，可以开发相关的体感游戏。

（2）3.0 较 2.0 的变化：Scratch3.0 界面中舞台和角色由 2.0 版本的左侧移到了右侧；"画笔"、"音乐"、"视频侦测"模块没有直接显示在 3.0 的界面中，而是移到了"添加扩展"中；3.0 版本增加了很多扩展功能，不仅可以直接使用语音识别、翻译功能，还能够直接与很多硬件进行对接编程。

第3节 舞台坐标系

3.1 角色在二维坐标系中的位置

打开 Scratch 3.0，在背景区选择背景库中的背景"Xy-grid"，舞台中就有了一个二维坐标系，如图3-1所示。

从图中可以得知，舞台宽480，高360。

知识点

★ 舞台二维坐标系的规定

★ 角色的位置信息

★ 运动与坐标值的变化

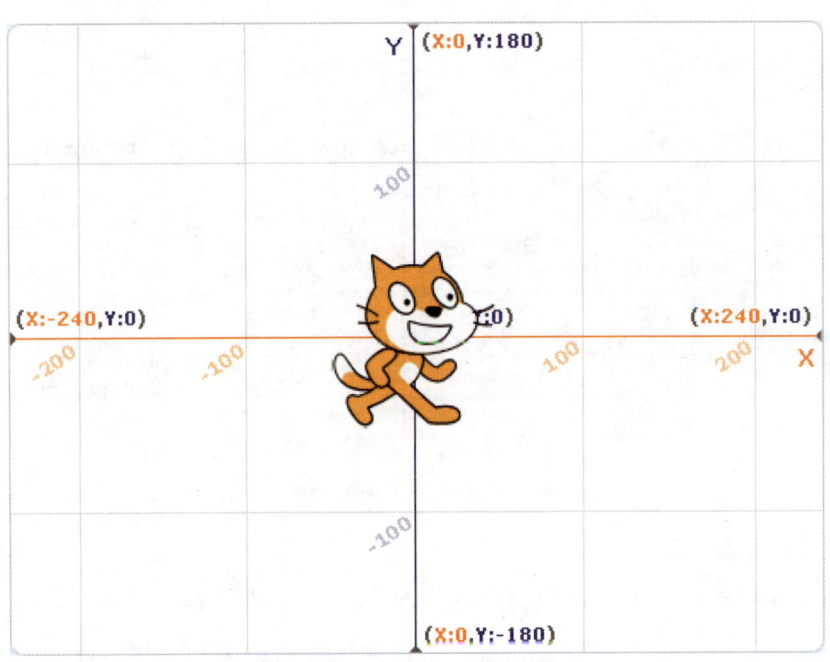

图3-1 舞台坐标系

角色表演时会活跃在舞台上，其所站的位置，就是角色的坐标。确定角色坐标需要有水平方向和垂直方向两个位置信息，Scratch 舞台水平方向的坐标用 x 表示，垂直方向的坐标用 y 表示。一个点的坐标用 (x, y) 表示。坐标不仅能标示出角色的位置，也可以为其他对象（背景、鼠标等）进行舞台定位。

17

坐标系中有四个象限，如图 3-2 所示。

舞台中心点的坐标是 (0，0)。中心点向右的 x 坐标是正数，最右侧的 x 坐标为 240；中心点向左的 x 坐标是负数，最左侧的 x 坐标为 −240；中心点向上的 y 坐标是正数，最高点的 y 坐标为 180；中心点向下的 y 坐标是负数，最低点的 y 坐标为 −180。

左上方的坐标值为（负，正），右上方的坐标值为（正，正），左下方的坐标值为（负，负），右下方的坐标值为（正，负）。

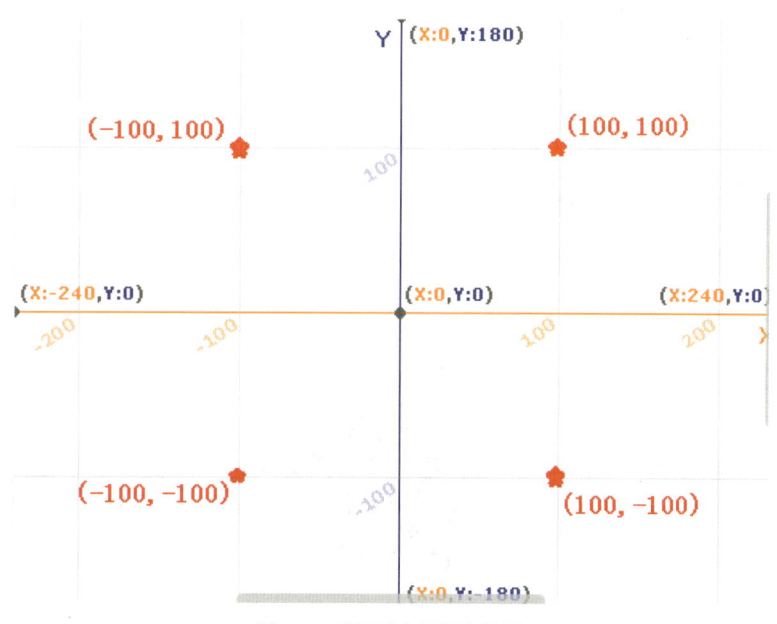

图 3-2　坐标系中的四个象限

1. 获取位置信息

Scratch 程序中角色默认的初始位置为（0，0），即在舞台的中心。

改变小猫在舞台中的位置，看一看如图 3-3 所示的积木指令区中，"运动"模块中的积木 移到x 0 y 0 中的 x、y 的数值发生了什么变化？观察小猫在四个象限中，x、y 值又有什么不同？

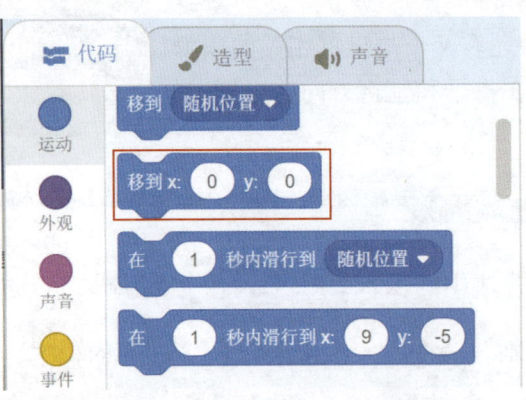

图 3-3 "移到"积木数值变化

通过观察可以看出,"运动"模块中的积木能够实时获取角色在舞台中的位置数据。随着角色位置变化,积木中的位置数据也在变化。

2. 控制角色移动到指定位置

拖动积木 移到x: 0 y: 0 到脚本区,更改"移到"积木中 x、y 的值,例如,$x=100$,$y=100$,看一看小猫的位置发生了什么变化?

小猫在舞台中的位置如图 3-4 所示。

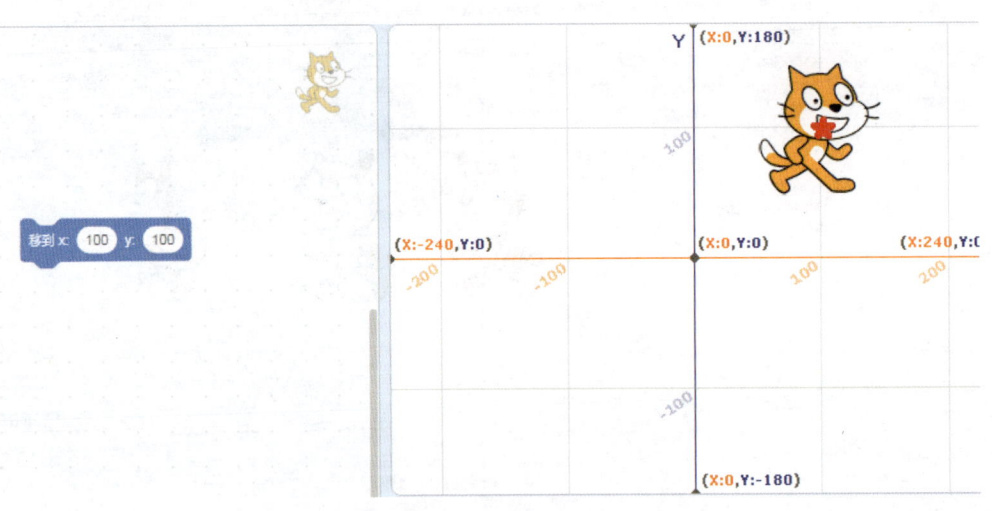

图 3-4 控制小猫移动到指定位置（100，100）

角色是运用中心点进行定位的。打开角色的"造型"选项卡,在默认矢量图模式下,用鼠标移动造型,就可以看到中心点的位置。

19

"运动"模块中还有两个与坐标相关的积木：，分别用于确定角色在水平和垂直方向的坐标。

试一试

拖动"运动"模块中的积木 将x坐标设为 0 到脚本区，选中该积木，单击鼠标右键，选择"复制"命令，一次复制出两个相同的积木，并将参数值分别更改为 100，240，如图 3-5 所示。单击每个积木，查看角色的变化效果。

将x坐标设为 0   将x坐标设为 100   将x坐标设为 240

图 3-5　复制积木

通过观察会发现，小猫依次从 x 坐标的 0 位置，移动到 x 坐标为 100 的位置，然后移动到 x 坐标为 240 的位置。x 坐标发生了变化，而 y 坐标没有发生变化，即实现了水平位置的运动，如图 3-6 所示。

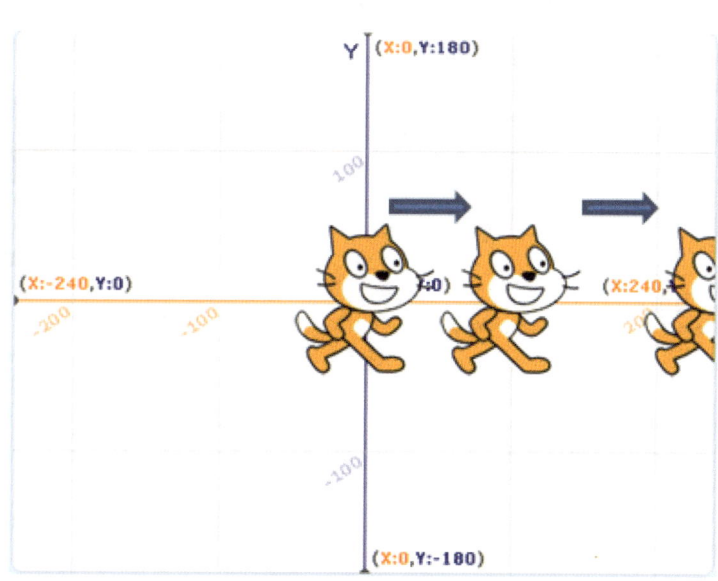

图 3-6　位置变化图

使用"运动"模块中的积木 将y坐标设为 0，可以实现 y 轴数值的不断变化，例如，实现物体下落的效果等。

3.2　运动与坐标值

在坐标中，如果角色往正的方向走，坐标值相应增加；往负的方向走，坐标值相应减小，即增加一个负数，如图 3-7 所示。

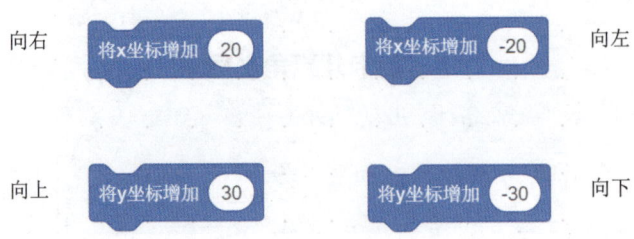

图 3-7　移动变化

设计程序，使角色向右移动 20 后再回到原位置。

智慧点

角色在舞台上有自己的位置信息，角色的运动和舞台的坐标值息息相关。了解了舞台坐标的知识，才能在制作作品时更加得心应手，才能更好地控制角色运动。本节的知识结构如图 3-8 所示。

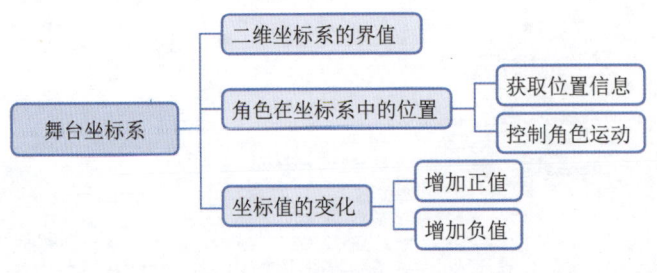

图 3-8　知识结构

思考题

1. 舞台水平方向最大的数值和最小的数值分别是多少？

2. 舞台最高点和最低点处的值是多少?

3. 如何获取角色的位置信息?

 知识链接

笛卡儿直角坐标系

伟大的法国数学家笛卡儿（1596—1650）创立了笛卡儿直角坐标系，如图 3-9 所示。他用平面上的一点到两条固定直线的距离来确定这个点的位置，用坐标来描述空间上的点。

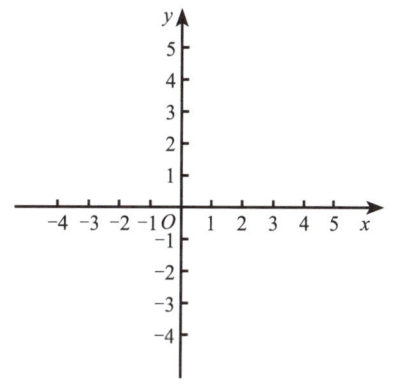

图 3-9 笛卡儿直角坐标系

笛卡儿直角坐标系由两个互相垂直的坐标轴设定，分别称为 x 轴和 y 轴；两个坐标轴的相交点称为原点，通常标记为 O，既有"零"的意思，又是英语"Origin"的首字母。每一个坐标轴都指向一个特定的方向。这两个相互垂直的坐标轴，决定了一个平面，称为 xy 平面，又称为笛卡儿平面。通常两个坐标轴只要互相垂直，其指向何方对于分析问题是没有影响的，但习惯性上 x 轴被水平摆放，称为横轴，指向右方；y 轴被竖直摆放，称为纵轴，指向上方。

第4节　第一个 Scratch 程序

4.1　新建、保存、打开作品

1. 新建作品

单击桌面上 Scratch 3.0 快捷方式图标

，打开离线编辑器，就可以编写程序了。

在编辑器中，单击"文件"菜单中的子菜单"新作品"，也可以创建一个新作品。

知识点

★ 新建作品、保存作品、打开作品

★ 程序的启动和停止

★ 角色造型的概念

★ 角色复制的方法

2. 保存作品

程序编写完毕，可以将作品保存到电脑中。单击"文件"菜单，选择"保存到电脑"子菜单，选择保存的位置，并为文件命名，即可保存作品。作品的扩展名为".sb3"。

3. 打开作品

单击"文件"菜单，选择"从电脑中上传"子菜单，在弹出的窗口中找到要打开的作品，单击"确定"按钮即可打开电脑中保存的作品。

4.2　造型

电影中的同一个角色经常会以不同的装扮和形象出现。造型就是角色的装扮和形象。一个角色可以有多个造型，在不同的条件下，角色可以切换为不同的造型，由此表现出角色的动作和状态变化等。

新建作品时，角色区中有一个默认的小猫角色"角色1"。舞台中会出现一只橘色的小猫。单击角色区的"角色1"，打开"造型"选项卡，可以看出小猫角色有两个造型，分别为"造型1"和"造型2"，代表了小猫两种不同的走路状态，如图4-1所示。

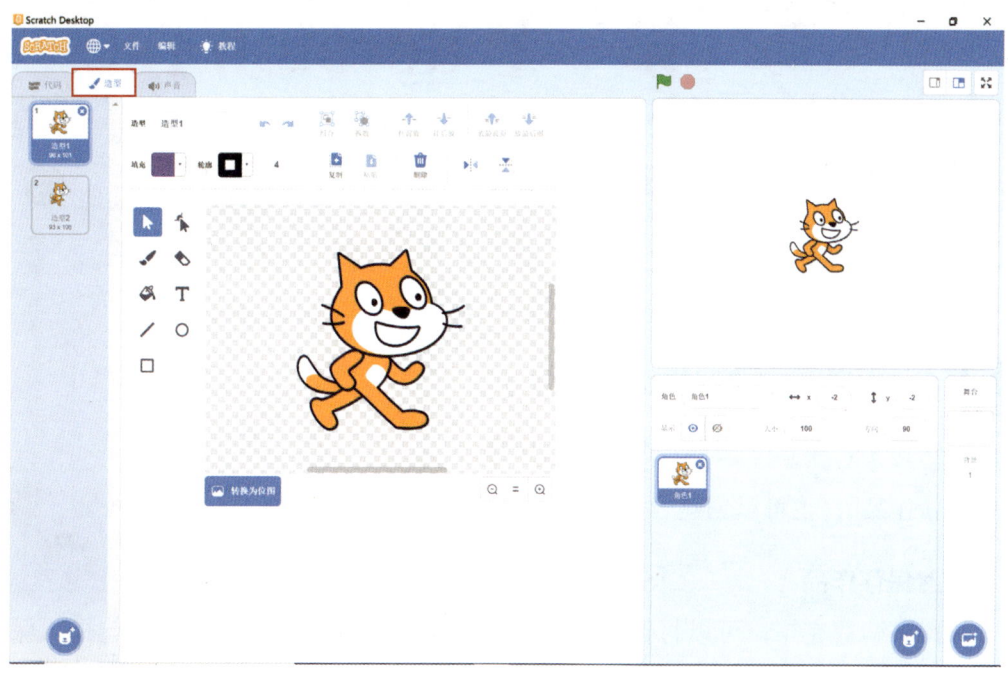

图 4-1　角色的造型

1. 为角色 1 编写脚本

单击"代码"选项卡，为角色编写脚本。

（1）选择"事件"模块中的积木  ，并将

它拖放到脚本区。

（2）找到"外观"模块中的积木  ，拖放到

脚本区，拼接到积木  的下方，如图 4-2 所示。

图 4-2　角色 1 的脚本

2. 运行程序

单击舞台上方的"绿旗"按钮 ，会发现小猫的造型发生了变化。再次单击"绿旗"按钮 ，小猫的造型又变成了另一个，如图 4-3 所示。

如果想停止程序的运行，可以单击"停止"按钮 。在一些大型程序中，停止按钮可以让程序随时停止运行。

（a）　　　　　　　　（b）

图 4-3　运行程序

试一试

单击"绿旗"按钮，查看小猫的状态变化。

3. 保存作品

单击"文件"菜单，选择"保存到电脑"子菜单，在弹出的窗口中选择保存的位置，并为作品命名，如"小猫变造型"，如图 4-4 所示。单击"保存"按钮，作品就保存到电脑中了。

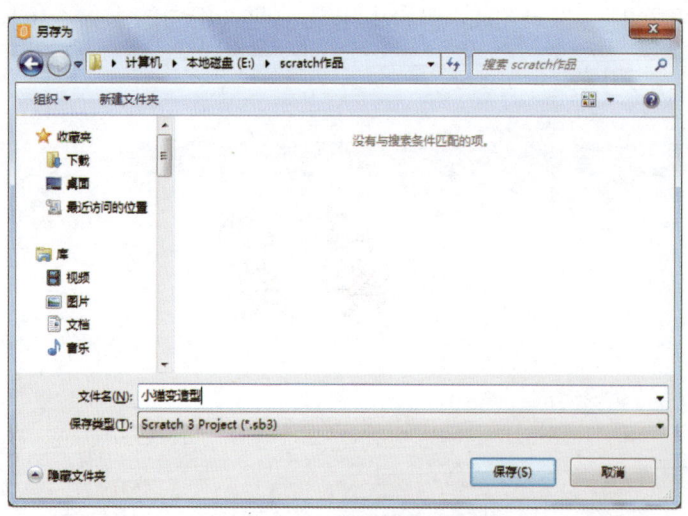

图 4-4　保存作品

4.3　角色复制

舞台上小猫已经生动起来了。一只小猫太孤单，怎么才能让小猫多些小伙伴，让舞台上出现多只同样的小猫，而且小猫的动作也是一样的呢？此处要用到角

25

色复制功能。

角色复制，不仅可以复制角色的外观，还能够将角色的脚本一同复制。当复制出第二个相同角色时，会发现，角色的脚本和第一个是一模一样的。

在角色区的角色上右击鼠标，在弹出的菜单中选择"复制"命令，如图 4-5 所示。

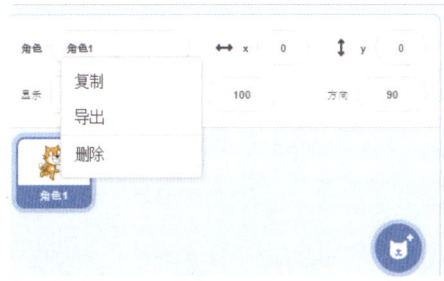

图 4-5　复制角色

看看角色区和舞台区都发生了哪些变化？

角色区出现了一个相同的小猫角色，名字为"角色 2"。单击"角色 2"，它的脚本和"角色 1"是一样的。舞台上出现了两只相同的小猫。用鼠标拖动小猫到合适的位置，如图 4-6 所示。

图 4-6　复制角色后的效果

继续用复制命令创造出四个小猫角色，分别是 "角色 1"、"角色 2"、"角色 3"、"角色 4"。在舞台上拖动角色，可以将其排列成左右、上下、环形的方式，如图4-7 所示。单击 "绿旗" 按钮，运行程序，小猫们步伐一致，好整齐啊！

图 4-7　角色排列

此时，第一个作品就制作成功了，将它保存到电脑中合适的位置。单击编辑器右上角的 "关闭" 按钮 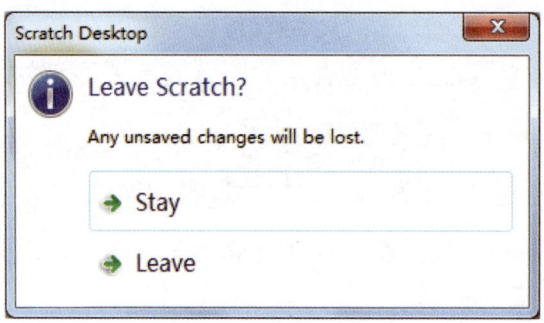，弹出如图 4-8 所示的提示框。如果选择 "Stay" 会留在原程序界面，选择 "Leave"，将关闭编辑器，结束程序编写。

图 4-8　关闭编辑器

💡 智慧点

本节学习了如何新建、保存、打开作品。编写了一个简单的程序，学会了启动和停止程序；了解了角色造型的概念，同时学会了在舞台中复制出多个角色的方法。本节的知识结构如图 4-9 所示。

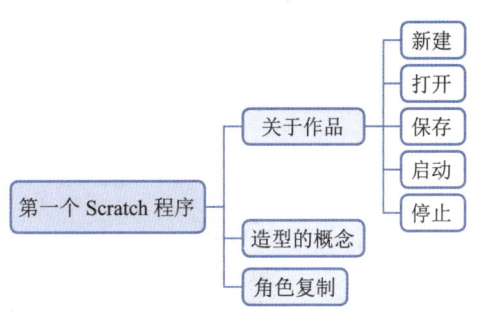

图 4-9　知识结构

思考题

1. 用 Scratch 3.0 软件制作的作品的扩展名是什么？

2. 启动程序和结束程序的按钮分别是什么？

3. 角色复制是否会复制原角色的脚本？

知识链接

Scratch 与分享

在互联网上搜索 Scratch 的官网时，会发现它有这样一个标题"Scratch – Imagine, Program, Share"。这就是 Scratch 倡导的主旨——想象、程序设计和分享。

米切尔·瑞斯尼克（Mitchel Resnick）教授，是麻省理工学院"终身幼儿园"项目的负责人和 Scratch 软件及社区的灵魂人物，他提出青少年要通过 Scratch 学会创新和分享，学会如何创造性地思考问题，学会系统化地提升自我并具备团结协作能力。

Scratch 制作的程序只能在软件环境下运行，发布后的程序则是在网页内运行的。创建的作品可以通过网络被无数人看到，在分享中实现思想碰撞，在交流中实现成长。

第二章
漫说西游

　　齐天大圣孙悟空是我国四大名著之一《西游记》中的人物。孙悟空本领高强，一路不畏艰难险阻，斩妖除魔，经历九九八十一难，最终保护唐僧西天取得真经。这部经典著作有多种表现形式，如小说、电视剧、电影、评书、动画片。我们将带领大家以 Scratch 的形式将故事展现出来。

第5节　移动与旋转

神通广大的孙悟空有一个绝技就是使用筋斗云，这是菩提祖师为他量身定制的。一日，菩提祖师问孙悟空近来又学会了什么，孙悟空答说已能腾云驾雾，菩提祖师便要孙悟空试飞来看。但见孙悟空动作怪异，除了翻筋斗上天之外，来去也只不过三里路，根本称不上腾云。于是菩提祖师便依孙悟空异于平常的翻筋斗动作教他筋斗云，并传授驾驭之术。在许多文艺作品中，可以看到形形色色的孙悟空与筋斗云的形象，如图5-1所示。

知识点

★ 创建角色、添加舞台背景

★ 使用"移动"积木、"旋转"积木控制角色运动

★ 设置角色大小、方向等属性

★ "重复执行"积木的应用

图5-1　孙悟空与筋斗云

任　务

帮助孙悟空控制筋斗云，能够让筋斗云稳稳地带他飞行。

5.1　添加角色和背景

1. 删除默认角色"小猫"

在没有添加其他角色时，角色区有一个默认角色"小猫"，如果不删除，小猫的形象将一直留在舞台区，所以添加新角色前要删除默认角色。如图5-2所示，单击"角色1"右上角的"删除"按钮 ⊗ ，即可删除默认角色。

图5-2　删除默认角色

2. 创建新角色

创建新角色有四种方法，如图5-3所示。

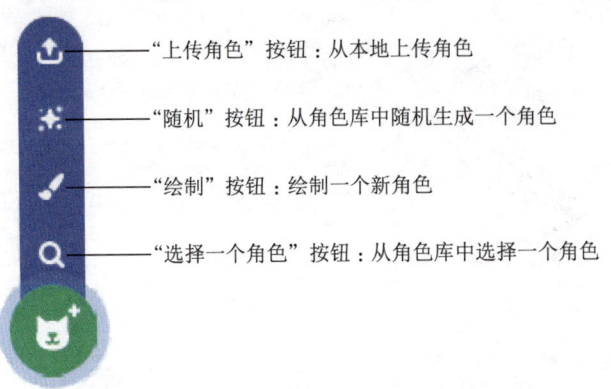

"上传角色"按钮：从本地上传角色

"随机"按钮：从角色库中随机生成一个角色

"绘制"按钮：绘制一个新角色

"选择一个角色"按钮：从角色库中选择一个角色

图5-3　创建角色

在角色区有一个"角色库"，如图5-4所示，其中有丰富的角色可供选择，库中角色根据不同的类别被分为"动物""人物""奇幻""舞蹈"等九大类。单击类别图标即可查找相应的角色，也可以在搜索框中输入关键词，例如，输入"ball"，库中所有与球相关的角色就会直观地显示出来供选择。

31

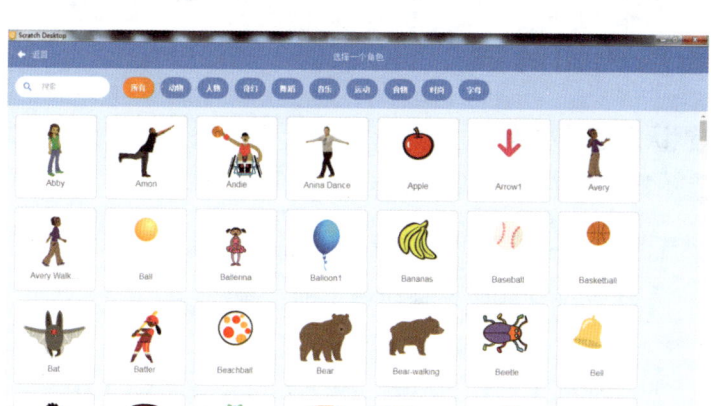

图 5-4　角色库

　　孙悟空的角色不是角色库自带的，需要从外部导入。把鼠标指针移到"选择一个角色"按钮 🐻，单击"上传角色"按钮 ⬆，从电脑中找到图像文件"素材 \ 漫说西游 \ 孙悟空 .PNG"[①]，将其导入到角色区中，如图 5-5 所示。

　　创建所需的角色之后，要根据故事情节将角色放到场景中，使人物、道具等符合实际环境。在 Scratch 中有"背景库"图片可用于添加背景。

3. 添加背景

　　添加背景有四种方法，如图 5-6 所示。

图 5-5　导入角色"孙悟空"

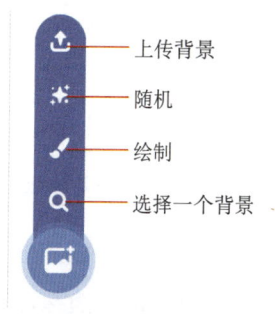

图 5-6　添加背景

注①：扫描封底二维码，关注公众号，回复"一级教材"，获取本书所需素材。

单击"选择一个背景"按钮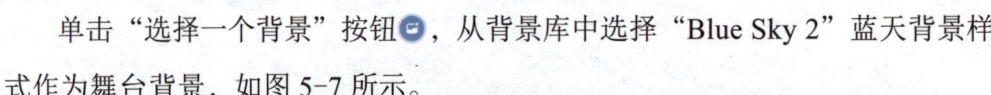，从背景库中选择"Blue Sky 2"蓝天背景样式作为舞台背景，如图 5-7 所示。

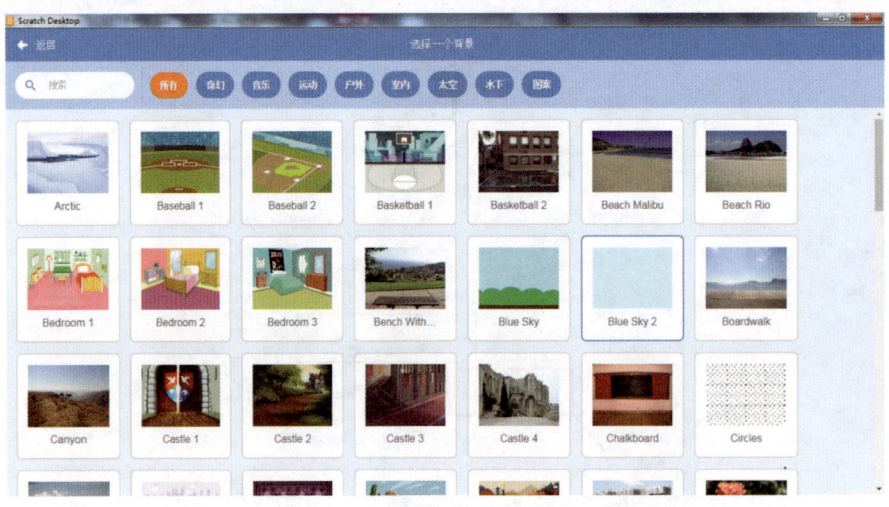

图 5-7 选择背景库中的蓝天背景

5.2 调整角色属性

1. 查看角色属性

单击角色区内的角色，就会显示该角色的所有属性。若单击角色"孙悟空"，就会看到角色的信息。例如，如图 5-8 所示，角色名字为"孙悟空"；坐标为（-88，46）；显示或隐藏状态为"显示"；角色大小为"100"；方向为"90"度。

图 5-8

2. 调整属性

根据背景调整"孙悟空"角色的大小并将其置于合适的位置。

（1）单击"孙悟空"角色，将其拖动到合适的位置，将其坐标为设（0，0）。

（2）单击角色，将"大小"的数值由"100"改为"80"（即改为原来大小的80%）。调整后的舞台效果如图 5-9 所示。

图 5-9 调整后的效果

5.3 "移动"积木与"旋转"积木

通过"添加角色、背景"和"调整角色属性"等知识的学习，舞台上已经有了人物——孙悟空。只见他口念咒语，筋斗云动起来了。

1. 角色平移

运用"事件"模块中的积木  和"运动"模块中的积木 ，可以控制孙悟空的运动。

单击角色"孙悟空" ，在脚本区编写脚本，如图 5-10 所示。

单击"绿旗"按钮 ，观察孙悟空和筋斗云的运动情况。

"运动"模块中的积木 能够让角色在舞台当前位

图 5-10 角色移动脚本

置上沿着角色方向移动指定的步数，正数为正方向，即角色前进的方向；负数为角色当前方向的反方向，即角色后退的方向。

试一试

（1）修改"移动"积木的参数值，加快筋斗云的运动速度；

（2）修改"移动"积木的参数值，让筋斗云向左移动。

2. 角色的方向

"筋斗云"已经能够水平移动了，能否让它向其他方向移动呢？

选中"孙悟空"角色，单击角色属性面板中的方向值，会出现一个方向圆盘，如图5-11所示。最上方为0°，右半球是正数，左半球是负数。右侧会从顶端0°增加，增加到水平向右是90°，垂直向下时为180°；左侧会从顶端的0°减少，减少到水平向左是-90°，垂直向下时为-180°，与180°重合，统一为180°。

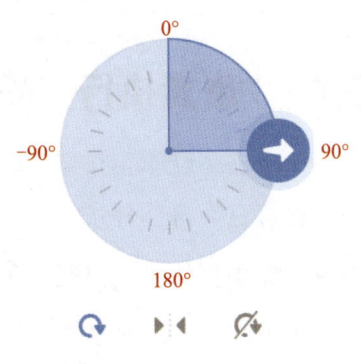

图5-11 角色方向

添加角色时，角色的默认方向是90°，即水平向右。使用"运动"模块中的积木 [移动 10 步] 控制筋斗云的时候，筋斗云能够水平向右或向左移动。

试一试

拨动角色方向指针，使角色指向其他方向，再次运行脚本，看一看孙悟空与筋斗云的运动效果。

3. 角色的旋转

想想看，怎样才能让孙悟空驾着筋斗云在空中翻跟头呢？

使用"运动"模块中的积木  可以实现孙悟空脚踩筋斗云翻跟头的效果。

（1）单击角色"孙悟空" ，编写角色旋转脚本，如图5-12所示。

（2）单击"绿旗"按钮🚩，孙悟空与筋斗云会向右旋转15°。

图5-12　旋转脚本

（3）连续单击绿旗按钮🚩，观察角色区中角色"孙悟空"的属性——方向 方向 90 的值，以及舞台上的孙悟空与筋斗云是如何变化的。

5.4　"重复执行"积木

每单击"绿旗"按钮🚩一次，孙悟空与筋斗云做一小步运动，可孙悟空一个"筋斗云"能飞十万八千里，如何实现让孙悟空与筋斗云飞十万八千里的效果呢？如果真的飞十万八千里，碰到舞台的边界又该做出什么反应呢？

使用"控制"模块中的"重复执行"积木可以实现孙悟空飞行十万八千里的效果。

"控制"模块中的积木 ：可使角色重复执行积木内的脚本。

"运动"模块中的积木 碰到边缘就反弹 ：可使角色在舞台上运动时，碰到舞台的边缘时会发生反弹。

1. 水平飞

脚本运行后，孙悟空的位置发生了改变，此时应将"孙悟空"调成水平状态。单击角色"孙悟空"，将方向值修改为90°。编写脚本如图5-13所示。

单击"绿旗"按钮🚩运行程序，观察孙悟空与筋斗云

图5-13　碰到边缘反弹

的运动方式发生了什么样的变化?

孙悟空与筋斗云碰到舞台边缘能够反弹回来,但是反弹后的角色是倒转的。可以使用"运动"模块中的积木 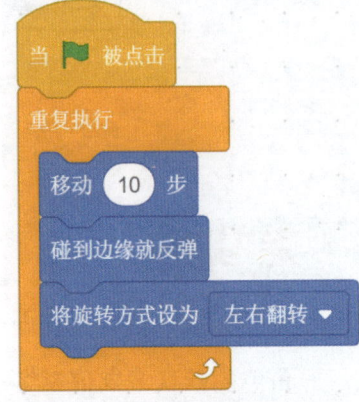 ,将角色反弹时的旋转方式设为"左右翻转"。角色"孙悟空"修改后的脚本如图5-14所示。

这样,神通广大的孙悟空无论怎么样驾驭筋斗云,都能保证角色是向上的。

图5-14 "角色"孙悟空修改后的脚本

2. 旋转角度后飞

结合"运动"模块中的"旋转角度"积木,编写脚本如图5-15所示。

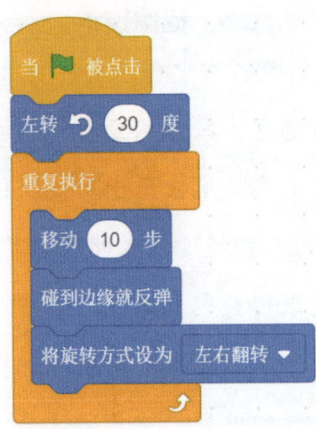

图5-15 旋转一定角度后的重复移动

单击"绿旗"按钮 🚩 运行程序,孙悟空已经能够很灵活地控制筋斗云了。

智慧点

应用"运动"模块中的"移动"积木、"旋转角度"积木、"碰到边缘反弹"积木,结合"控制"模块中的"重复执行"积木就能够实现角色在舞台上灵活

地运动了。本节的知识结构如图 5-16 所示。

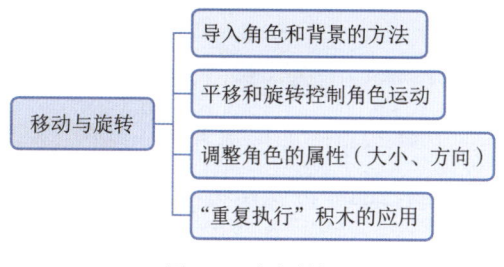

图 5-16　知识结构

❓ 思考题

1. 方向圆盘中指针垂直向上时，方向值是多少？

2. 角色的默认方向值是多少？

3. 如果想使角色水平方向向左平移，应该如何修改参数？

📖 知识链接

抠像技术

"抠像"一词是从早期电视制作中得来的，英文称作"Key"，意思是吸取画面中的某一种颜色作为透明色，将它从画面中抠去，从而使背景透出来，与其他画面叠加合成。抠像技术广泛地应用于影视制作、动画制作等领域。运用抠像技术，使得在室内拍摄的人物经过技术处理后可以与各种景物叠加在一起，形成神奇的艺术效果。一般采用蓝色或绿色的幕布作为背景在摄影棚进行拍摄，后期运用剪辑技术进行合成。例如，很多空中飞行的效果，就是通过幕布抠像与只有景色的空背景（如飘浮的云朵等）结合，再进行运动特效、调色等技术处理，最终形成高空飞行的效果。如图 5-17 所示。

图 5-17　飞行效果抠图

第6节 背景切换

孙悟空从菩提祖师处学到了筋斗云的绝技，在高山之间穿梭自如。但是孙悟空还没有一件称手的武器，于是，他来到了东海龙宫，如图6-1所示。

图6-1 腾云驾雾的孙悟空

编写程序实现孙悟空来到东海过程中，不同场景及角色造型的切换。

6.1 创建新造型

创建角色，在角色区导入外部图像文件"素材\漫说西游\孙悟空.PNG"。打开"造型"选项卡，可以看到孙悟空只有一个造型，把鼠标移到左下方的"选择一个造型"按钮 🐻，单击"上传造型"按钮 ⬆，导入外部图像"素材\漫说西游\孙悟空1.PNG"作为新造型，如图6-2所示。

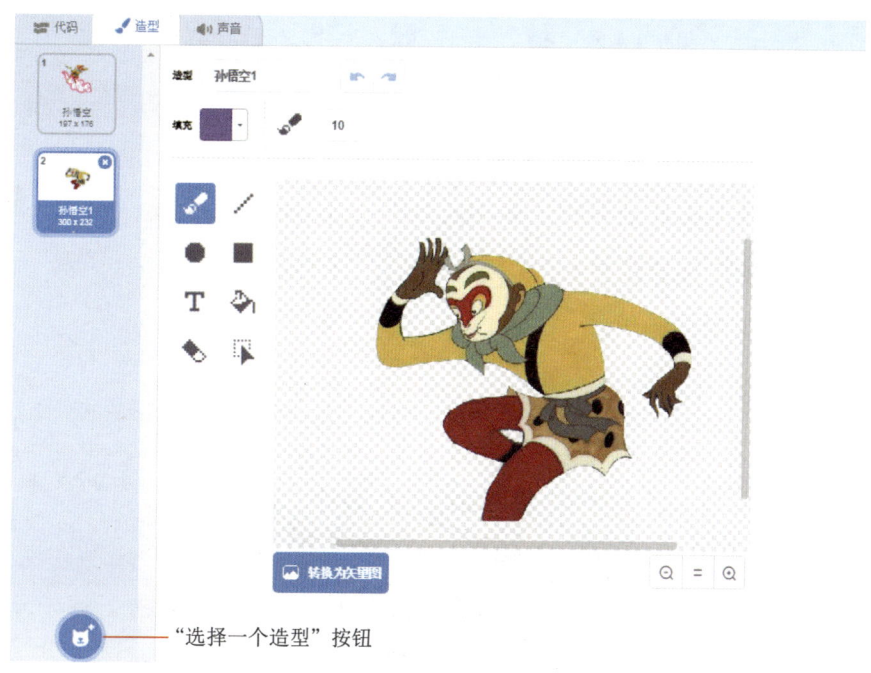

"选择一个造型"按钮

图 6-2　孙悟空的造型

6.2　背景、造型的切换

孙悟空乘着筋斗云，飞过沙漠、高山、大海，最后来到东海海底。编写程序时要实现沙漠、高山、大海、海底场景的变换。

1. 添加背景

单击背景区的缩略图，打开"背景"选项卡，删除空白背景，依次添加背景库中的四张背景图片：Desertl、Canyon、Boardwalk、Underwaterl，并在"造型"后的空白框中，分别将图片重命名为"沙漠"、"高山"、"大海"、"东海"，如图 6-3 所示。

2. 场景切换

单击角色"孙悟空"，在"代码"选项卡中为其编写脚本，使用"外观"模块中的积木 换成 造型1▾ 造型 和 换成 背景1▾ 背景 来实现角色造型及背景的切换。

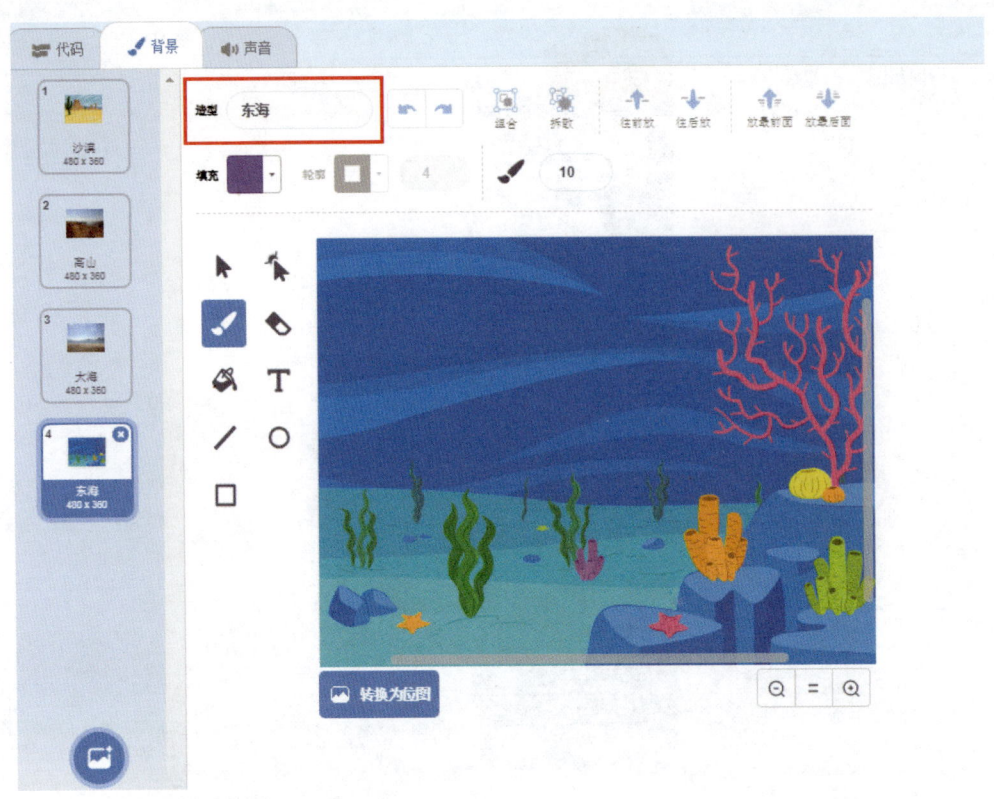

图6-3 添加背景并重命名

（1）切换背景为"沙漠"，孙悟空移动到坐标位置（-240，50），在3秒时间内滑动到坐标位置（240，50）。

（2）切换背景为"高山"，孙悟空移动到坐标位置（-240，50），在3秒时间内滑动到坐标位置（240，50）。

（3）切换背景为"大海"，孙悟空移动到坐标位置（-240，50），在3秒时间内滑动到坐标位置（240，50）。

（4）切换背景为"东海"，孙悟空切换成"孙悟空1"造型，并移动到坐标位置（28，-68）。

角色"孙悟空"的脚本如图6-4所示。

图 6-4　角色"孙悟空"的脚本

单击"绿旗"按钮 运行程序，查看运行效果。孙悟空依次飞过沙漠、高山、大海，最后来到东海海底，如图 6-5 所示。

图 6-5　背景切换效果图

6.3 切换背景的另一种实现方法

通过测试，已经能够实现场景及人物造型的切换了。这是在角色"孙悟空"脚本区中编写了一个脚本来实现的。是否还有其他方式也能实现这样的舞台效果呢？

还可以分别对角色"孙悟空"和舞台背景编写脚本，如图 6-6、图 6-7 所示。

在孙悟空的脚本中，编写脚本实现孙悟空的位置变化 3 次，每次变化用时 3 秒。飞行前要切换成"孙悟空"造型（乘筋斗云），切换到"东海"背景后要将孙悟空造型切换到"孙悟空 1"造型（站立）。

在舞台背景的脚本区中，编写脚本实现背景每隔 3 秒切换。

图 6-6 角色"孙悟空"的脚本

图 6-7 背景的脚本

智慧点

本节学习了如何创建新的造型。背景切换有两种方式可以实现：（1）在一个

角色中编写脚本;(2)在多个角色或者背景中编写脚本。

在以后的学习中,还有其他方法能够更快捷地实现背景切换功能。解决问题的方法是多样的,在实践中要多思考。本节的知识结构如图6-8所示。

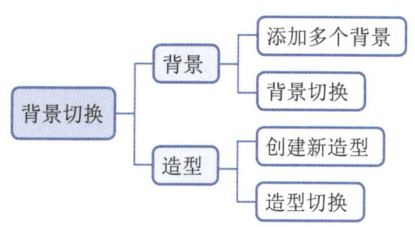

图6-8 知识结构

❓ 思考题

1.如何为一个角色、一个背景、一个造型重新命名?

2.比较"运动"模块中的积木"移到"和"滑行"运行方式的区别。

📖 知识链接

电影电视里的转场

转场就是两个场景之间的过渡。转场意味着空间或时间的改变,影片的逻辑或画面变化比较明显,因此需要一定的转场方式使之过渡自然。转场分为特技转场和无特技转场。特技转场方式有淡入淡出、叠化等。淡入淡出即一个画面淡出的同时另一个画面淡入,而叠化则是前后两个画面进出时有几秒钟的重叠。特技转场有明显的人工痕迹,还有另外一种方式是无特技转场。

无特技转场不使用特殊的手段实现"承上启下",而是用镜头自然过渡来连接两段内容。例如:

(1)利用出入画面组接,人物走出画面与走进另一个画面的组接。本节使用的就是出入画面组接原理。

(2)利用动作组接画面,例如,小孩走路,全景落到脚,切到长大成人走路的画面。还有利用因果关系组接、利用声音组接、利用空镜头组接,等等。

第7节　外　观

　　如意金箍棒原来是太上老君冶炼的神铁，后来被大禹借走治水，治水后遗下的定海神针铁，放在东海。悟空撩衣上前，摸了一把，乃是一根铁柱子，约有斗来粗，两丈有余长。他说道："忒粗忒长些！再短细些方可用。"说毕，那宝贝就短了几尺，细了一围。悟空蓦然得了这件宝贝，当下欢天喜地，心下道"再短些更妙"，那金箍棒似有灵性一般，慢慢变小了。最后变成绣花针大小，被悟空顺进了耳内。

知识点

★ "外观"模块中"设置大小"积木的运用

★ "外观"模块中"显示"与"隐藏"积木的运用

★ "外观"模块与"运动"模块的结合运用

任　务

先控制金箍棒变小，再控制金箍棒不断地旋转，最后隐藏。

7.1　添加角色与背景

　　孙悟空来到东海龙宫，向东海龙王索要兵器，并赖着不走。龙王不得已将孙悟空带到了定海神针那里，谁知金箍棒大放异彩，似乎正等待着孙悟空的到来，并能够听得懂悟空的话语。

　　（1）在背景区导入外部图像文件"素材\漫说西游\东海.PNG"，把鼠标指针移到"选择一个背景"按钮 ，单击"上传背景"按钮 。

　　（2）导入外部图像文件"素材\漫说西游\孙悟空2.PNG"与"素材\漫说西游\金箍棒.PNG"作为角色。

　　（3）将角色"孙悟空"的大小调整到"80"，并放置在舞台的左端，如图7-1所示。

45

图 7-1　添加角色与背景

7.2　控制金箍棒变小

作为定海神针的金箍棒"乃是一根铁柱子，约有斗来粗，两丈有余长"。上面有一行字"如意金箍棒，一万三千五百斤。"

（1）用"外观"模块中的积木  将金箍棒不断地变小。该积木的功能是将角色变为原来的百分之多少。

（2）设置"金箍棒"角色的初始大小为 200，当单击"绿旗"按钮 🚩 时，每隔 1 秒，角色减小 50。

角色"金箍棒"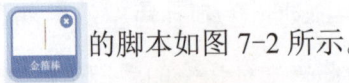的脚本如图 7-2 所示。

图 7-2　"金箍棒"变小的脚本

注意：在角色的外观发生变化之前，要设置它的初始状态，例如，位置、面向方向、大小等。

单击"绿旗"按钮 ，查看舞台效果，如图 7-3 所示。

图 7-3　金箍棒不断变小的舞台效果

7.3　控制金箍棒旋转

金箍棒变小后，立刻飞到孙悟空的手中，他欢快地舞动起来。

（1）创建一个测试角色，并拖动角色到孙悟空的手部位置，在角色区看到角色的坐标值为（-142，9），由此得知孙悟空的手部坐标值为（-142，9）。

（2）删除测试角色。

（3）在原有脚本基础上，继续编写角色"金箍棒" 的脚本，如图7-4所示。

 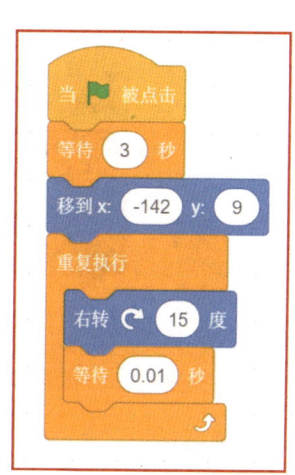

图7-4　角色"金箍棒"旋转的脚本

（4）单击"绿旗"按钮 运行程序，金箍棒由坐标位置（42，-9）移到（-142，9），并旋转起来。最终效果如图7-5所示。

图7-5　舞动金箍棒

7.4 隐藏金箍棒

角色"金箍棒"的初始状态为"显示",过了一定时间后,被悟空收走,隐藏起来。

"外观"模块中的积木 显示 :表示在舞台上显示角色。

"外观"模块中的积木 隐藏 :表示在舞台上隐藏角色。

角色"金箍棒"  最终被隐藏的脚本如图 7-6 所示。

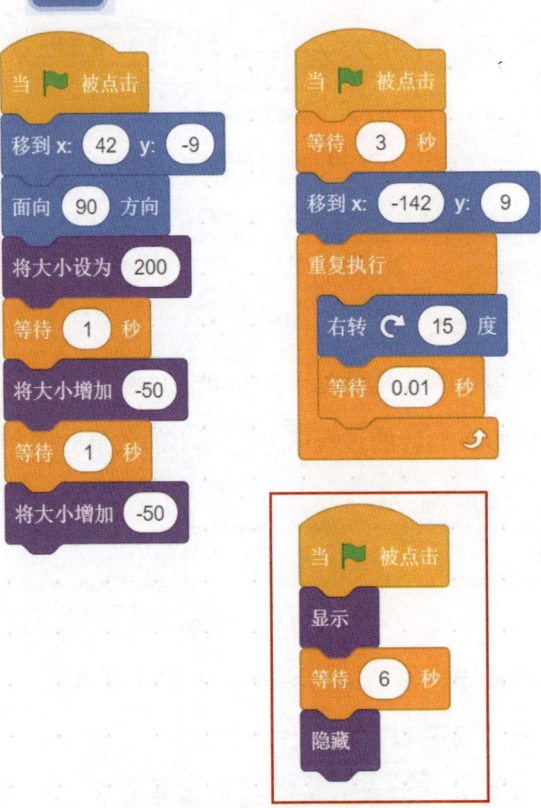

图 7-6　角色"金箍棒"最终隐藏的脚本

试一试

更改显示到隐藏的等待时间参数,使程序更加适合舞台效果。

智慧点

本节学习了"外观"模块中的"设置大小"积木、"显示状态"积木的设置方式。使用这些积木可以实现角色外观的变化。在程序编写的时候，应注意确定角色改变前和改变后的状态。本节的知识结构如图7-7所示。

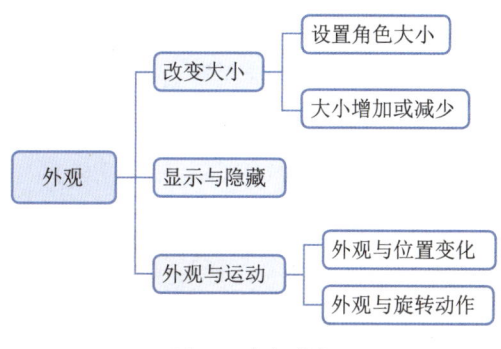

图 7-7　知识结构

思考题

1. 哪一个积木能够控制角色的方向？

2. 如何在程序刚运行时使角色处于隐藏状态？

3. 如何实现金箍棒在旋转的过程中不断变小的效果？

知识链接

特　效

特效，即特殊的效果，通常是由电脑软件制作出来的，在现实中一般不会出现，常存在于影视及动画的后期制作中。

使用良好的特效技术可以很好地营造出各种效果，如水花、火焰、沙尘、烟雾、大雨倾盆、冰山的撞击、风雨雷电、山崩地裂、幽灵出没、异形、房屋倒塌、火山爆发、海啸等用实际拍摄或道具无法完成的效果。特效的应用让视觉效果更加震撼和真实，能够获得炫目生动的艺术画面。特效技术可以使动画场景更加逼真，人物更加立体，使动画或影视环境得到良好的渲染。

第8节　说与思考

真假美猴王是《西游记》的经典桥段。在取经路上，强盗追杀唐僧师徒，悟空忍无可忍，杀却众盗。唐僧大怒，又将悟空赶走。六耳猕猴乘机变作悟空，打伤唐僧，抢走行李。二猴真假难辨，来到了唐僧处。

知识点

★ "说"与"思考"积木的应用

★ "等待时间"积木的恰当使用

任　务

编写程序，实现唐僧见到真假两个孙悟空，并与两个孙悟空说话的情景。

8.1　创建角色和背景

（1）导入背景库中的背景"Savanna"。

（2）在角色区导入外部图像文件"素材\漫说西游\孙悟空3.PNG"和"素材\漫说西游\唐僧.PNG"作为角色，分别调整大小为50和80。

（3）在角色区右击角色"孙悟空3"，选择"复制"命令，如图8-1所示，复制角色。

（4）角色复制完成后，将名字更改为"孙悟空4"。

（5）复制后的角色在舞台上和孙悟空3是同向的，需要调整他的朝向。选中角色"孙悟空4"，打开"造型"选项卡，单击绘图区的"水平翻转"图标，实现角色左右翻转，孙悟空的朝向由右变成了左，效果如图8-2所示。

图 8-1　复制角色

图 8-2　角色左右翻转后的效果

8.2 "说"与"思考"积木

角色、背景已经准备完毕，舞台中的人物要开始对话了。

在 Scratch 的"外观"模块中有两个"说"积木和两个"思考"积木，可以用来控制字符的显示，如图 8-3 所示。

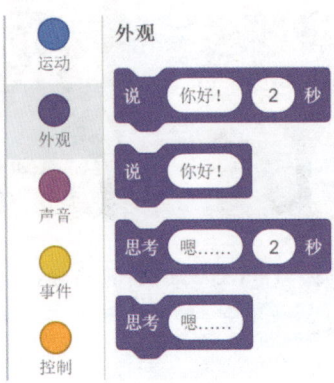

图 8-3 "说"与"思考"积木

试一试

选择一个角色，分别单击"外观"模块中的积木  和

说 你好! ，看一看舞台中的角色有什么变化？思考这两个积木的差别是什么？

单击两个积木，字符在舞台上停留的时间是不一样的。如果想实现人物对话的效果，选择带时间的积木更适合。

选择一个角色，分别单击"外观"模块中的积木 说 你好! 2 秒 和

思考 嗯…… 2 秒 ，看一看舞台中的角色有什么变化，思考这两个积木的差别是什么？

"说"积木是让角色进行语言表达，而"思考"积木是让角色进行思考，体现角色的内心活动。在舞台上的效果如图 8-4 所示。

图 8-4　"说"与"思考"积木的舞台效果

8.3　人物对话台词

三个角色——孙悟空 3、唐僧、孙悟空 4 的对话台词如表 8-1 所示。

表 8-1　对话台词

人　　物	台　　词	开始时间点（秒）	持续时间
唐僧	说："悟空，你来干什么？还怕没把我打死？"	0	2秒
孙悟空 3	说："师父，那不是我干的，不是我干的。"	2	2秒
唐僧	说："不是你干的，是谁？"	4	2秒
孙悟空 3	说："是妖精干的。"（说完孙悟空 4 出现）	6	2秒
孙悟空 3	说："师父，是他干的。他是妖精。"	8	2秒
孙悟空 4	说："师父，是他干的。他是妖精。"	8	2秒
唐僧	说："你们哪个是真悟空啊？"	10	2秒
孙悟空 3	说："我是，他是假的。"	12	2秒
孙悟空 4	说："你是妖精。我是真的，你才是假的，你是真妖精。"	14	2秒
唐僧	思考："到底谁是真悟空呢？要不要念紧箍咒呢？"	16	4秒

8.4　编写角色对话脚本

人物台词已经设定好了，整个过程持续 20 秒。按照角色出场顺序及出现的

时间点编写每个角色的脚本，使舞台上的人物生动起来。要注意"等待时间"

积木中等待时间的设置。角色"孙悟空 3" 的脚本如图 8-5 所示。角色"唐

僧"  的脚本如图 8-6 所示。角色"孙悟空 4"  的脚本如图 8-7 所示。

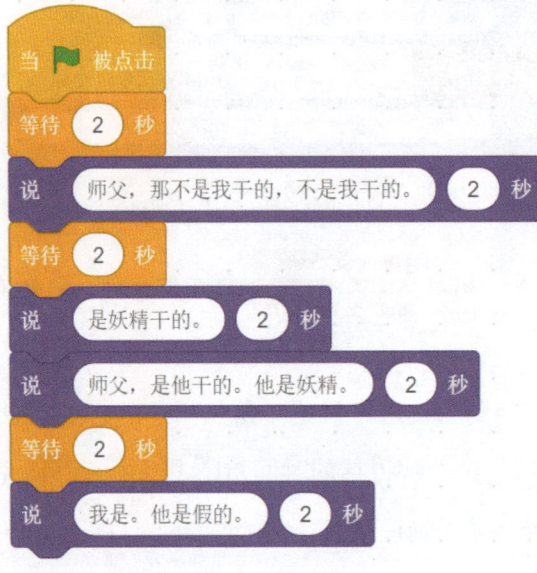

图 8-5　角色"孙悟空 3"的脚本

图 8-6　角色"唐僧"的脚本

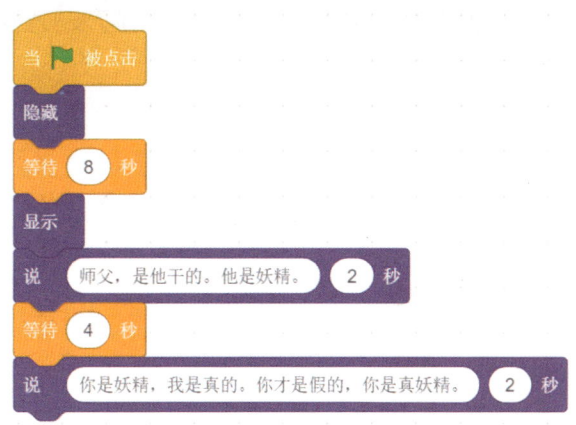

图 8-7　角色"孙悟空 4"的脚本

思考:"等待时间"积木   的作用是什么？等待的时间又该如何设置？

以角色"孙悟空 4"为例进行说明。角色"孙悟空 4"说了两次话，第一次说话的时间点是 8 秒，第二次说话的时间点是 14 秒。在第一次说话前都是隐藏的状态，8 秒后显示，并开始说话。

第二次说话要在第一次说话结束后再等待多少秒呢？第二次说话时间点是 14 秒，之前等待 8 秒显示，又说了 2 秒，所以，还需等待 4 秒。如图 8-8 所示为角色"孙悟空 4"脚本中的等待时间。

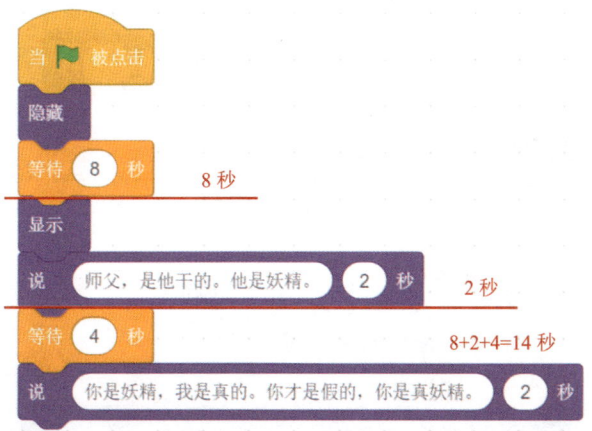

图 8-8　角色"孙悟空 4"脚本中的等待时间

思考：其他角色的等待时间是如何设置的？

单击"绿旗"按钮  启动程序，部分脚本的舞台效果如图 8-9 所示。

图 8-9　舞台效果

8.5　图层

在角色"唐僧"的脚本中，有一个"外观"模块中的积木 ，

如图 8-10 所示。

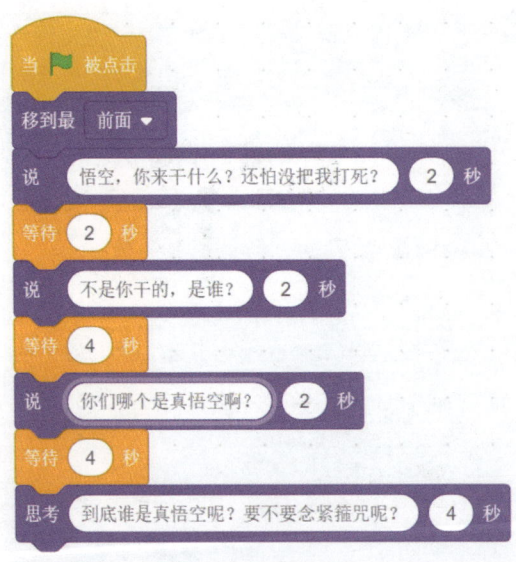

图 8-10　移到最前面

57

舞台中有多个角色时，每一个角色都有所在的图层，所以会产生多个图层，需要确定图层的显示顺序。由于视觉的需要,唐僧应显示在最前面,就要用到"外观"模块中的积木  。

图层可以想象成一张透明的纸。图层可以叠加，如果叠放顺序不同，就会呈现不同的舞台效果。当在舞台上拖动某个角色时，它的图层就会被放置在最前面显示。

在"外观"模块中有两个涉及图层的积木。

移到最 前面 ▼ ：可以将角色移动到最前面或后面。

前移 ▼ 1 层 ：可以将角色前移或后移若干层。

例如，在角色区中依次添加三个角色:"蝴蝶"、"蜻蜓"和"鸽子"。舞台上就有了三个角色，按照添加顺序，三个角色分别处于不同的图层，最前面是鸽子，中间是蜻蜓，后面是蝴蝶。前面图层的内容会遮住后面图层的内容，如图 8-11 所示。

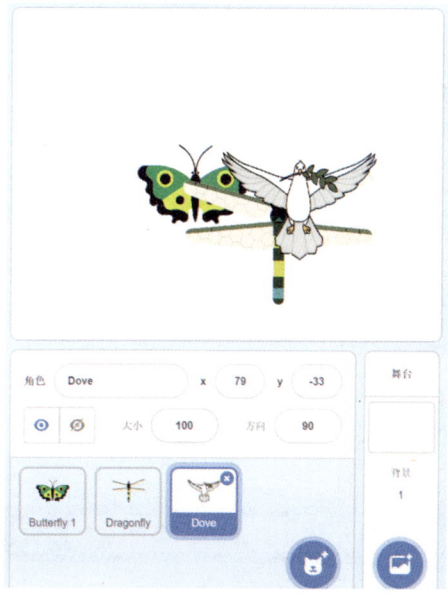

图 8-11 角色的图层

如果想要让后面图层显示出来，就需要用"运动"模块中的积

木 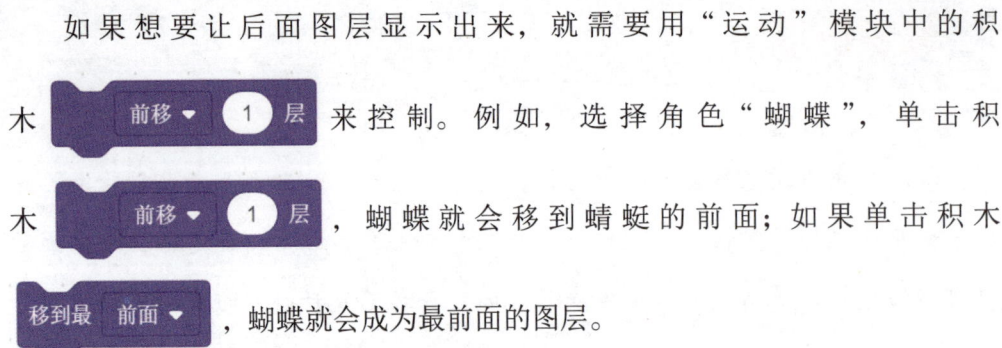 来控制。例如，选择角色"蝴蝶"，单击积

木 ，蝴蝶就会移到蜻蜓的前面；如果单击积木

，蝴蝶就会成为最前面的图层。

💡 智慧点

本节学习了"外观"模块中的积木"说"和"思考"，学会了让舞台上的角色表达自己的情感和想法。使用时一定要注意"控制"模块中的"等待时间"积木的正确应用，应计算好每个动作启动之前要等待的时间。

在制作作品的时候，经常要给图层定位。运用图层中相关的积木，将角色设置在恰当的图层，这样舞台效果会更加真实。本节的知识结构如图 8-12 所示。

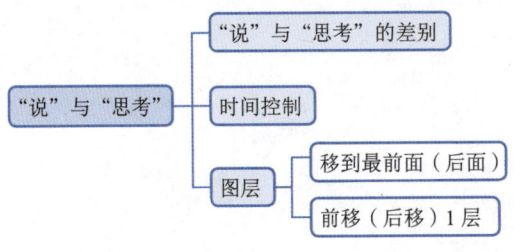

图 8-12　知识结构

❓ 思考题

1. 想一想，"外观"模块中的积木"说"和"思考"的运用场景有什么区别？

2. 如果第一个角色思考 2 秒，说 2 秒，那么第二个角色开始动作之前需要等待几秒？

3. 说说"移动到最前面"和"前移 1 层"的差别。

知识链接

台　词

　　台词是戏剧或电影中人物说的话，一般包括对白、独白和旁白。对白，是剧本中角色之间的对话，也是戏剧台词的主要形式。独白，是角色在舞台上独自说出的台词，是从古典悲剧发展而来的，在文艺复兴时期的戏剧中使用十分广泛，是把人物的内心感情和思想直接倾诉给观众的一种艺术手段，往往用于人物内心活动最激烈、最复杂的场面。旁白，是角色在舞台上直接说给观众听，而假设为同台其他人物听不见的台词，内容主要是对其他角色的评价和本人内心活动的披露。

第三章
萝卜蹲游戏

萝卜蹲是一种常见的小游戏，它能够锻炼游戏者的反应能力和耐力，活跃现场的气氛。游戏规则：

（1）将参加活动的参与者分成几组。每组可以是单人或多人。

（2）将每组用不同颜色的萝卜命名。例如，有三组参与者，分别命名为白萝卜、红萝卜、黄萝卜（胡萝卜）。

（3）随机选中其中一组为开始组，例如，从白萝卜开始，则白萝卜的成员边做蹲起边说"白萝卜蹲白萝卜蹲，白萝卜蹲完红萝卜蹲"，说完的同时用手指着红萝卜组。

如果白萝卜最后指定的小组不存在，或者白萝卜用手指的小组与口中说的小组名字不符，则白萝卜组被淘汰。

（4）如此循环，直到场上还剩下最后一组没被淘汰的为胜利组。

（5）比赛过程中可以由观众配合喊口号并逐渐加快速度，这样难度也随之增加了。

第9节　造型变换

"白萝卜蹲白萝卜蹲，白萝卜蹲完红萝卜蹲；红萝卜蹲红萝卜蹲，红萝卜蹲完胡萝卜蹲；胡萝卜蹲胡萝卜蹲……"这就是经典的萝卜蹲游戏。有的小朋友们甚至将它演绎成其他花样的玩法，如图9-1所示。

苹果蹲，苹果蹲完，西瓜蹲！

图9-1　萝卜蹲游戏的其他玩法

任　务

编写程序实现萝卜蹲游戏中人物不断地蹲下、站起的动作。

9.1　添加角色和背景

萝卜蹲游戏有三个角色，分别为"白萝卜"、"红萝卜"、"胡萝卜"。萝卜角色并不在角色库中，要使用外部图像文件创建角色及其造型。

1. 删除默认角色"小猫"

在角色区单击小猫角色右上角的" "按钮，删除默认角色，如图9-2所示。

图 9-2　删除默认角色

2. 从本地上传新角色

（1）在角色区，把鼠标指针移到"选择一个角色"按钮 ，单击"上传角色"按钮 。

（2）依次从本地文件中上传三个角色，分别为"白萝卜站"、"红萝卜站"和"胡萝卜站"。

（3）将这三个角色重命名为"白萝卜"、"红萝卜"和"胡萝卜"，如图 9-3 所示。

图 9-3　从本地上传新角色并重命名

3. 添加背景

添加了所需的角色之后，要根据游戏情节将角色放到场景中，使游戏角色生动美观。"萝卜蹲"游戏的背景也需要从本地文件上传。

（1）在背景区，把鼠标指针移到"选择一个背景"按钮，单击"上传背景"按钮 。

（2）从本地文件中上传名为"舞台"的背景图片，如图9-4所示。

图9-4 从本地上传新背景

9.2 调整角色的大小和位置

角色区的三个萝卜角色在舞台背景中的位置是随机呈现的，需要将游戏角色调整到适当的大小和位置。

（1）依次将"白萝卜"、"红萝卜"和"胡萝卜"三个角色调整到合适的大小。

① 单击角色"白萝卜"，将大小数值由"100"改为"60"。

② 单击角色"红萝卜"，将大小数值由"100"改为"70"。

③ 单击角色"胡萝卜"，将大小数值由"100"改为"70"。

（2）在舞台上拖动三个角色到合适的位置。调整前后的舞台效果，如图9-5所示。

（a）调整前

（b）调整后

图 9-5　调整前后舞台的效果

9.3　角色造型的切换

舞台区已经有了"白萝卜"、"红萝卜"和"胡萝卜"三个角色的"站立"造型，怎样让三个萝卜做出"蹲"的动作呢？

1. 从本地上传"蹲"的造型

（1）单击"白萝卜"角色，打开"造型"选项卡，如图9-6所示。

"选择一个造型"按钮

图 9-6　角色"白萝卜"的"造型"选项卡

65

（2）在"造型"选项卡中，把鼠标指针移到左下方的"选择一个造型"按钮，单击"上传造型"按钮。

（3）导入外部图像文件"素材\萝卜蹲游戏\白萝卜蹲.PNG"为白萝卜的新造型，如图9-7所示。

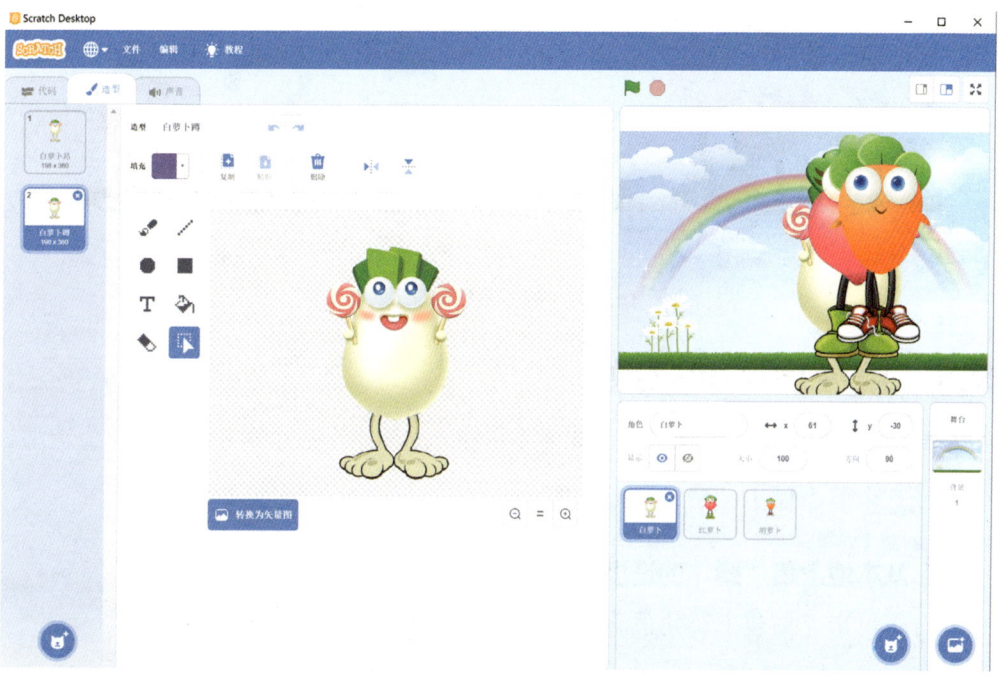

图9-7　添加新造型

（4）在"红萝卜"和"胡萝卜"的"造型"选项卡中，分别导入外部图像文件"素材\萝卜蹲游戏\红萝卜蹲.PNG"和"素材\萝卜蹲游戏\胡萝卜蹲.PNG"为"红萝卜蹲"和"胡萝卜蹲"的新造型。三个角色的造型如图9-8所示。

（a）白萝卜　　　　　（b）红萝卜　　　　　（c）胡萝卜

图9-8　添加三个角色的新造型

2.编写程序实现造型变换

运用"事件"模块中的积木  和"外观"模块中的积木

 可以实现角色造型的变换。

如果角色有多个（两个或两个以上）造型，每单击一次"外观"模块中的

积木 ，将切换成角色的下一个造型，从而变换不同的造型。

（1）选择角色"白萝卜" ，切换

到"代码"选项卡，为白萝卜编写的脚本如

图9-9所示。

图9-9　角色"白萝卜"的脚本

（2）选择角色"红萝卜" ，切

换到"代码"选项卡，为红萝卜编写的脚本

如图9-10所示。

图9-10　角色"红萝卜"的脚本

（3）选择角色"胡萝卜" ，切

换到"代码"选项卡，为胡萝卜编写的脚本

如图9-11所示。

图9-11　角色"胡萝卜"的脚本

（4）单击"绿旗"按钮 ▶，观察"白萝卜"、"红萝卜"和"胡萝卜"三个

角色的造型切换效果。

3.保存作品

（1）在电脑上新建一个文件夹，命名为"作品"。

（2）单击菜单栏中"文件"—"保存到电脑"，将作品保存到"作品"文件

夹中，并为其命名为"萝卜蹲游戏"，在电脑上该作品的文件名显示为"萝卜

蹲游戏 .sb3"。

在 Scratch 自带的角色库中，系统已经预先为角色设计好了多个造型，可以编写脚本切换造型，或者选择其中一个造型呈现在舞台上。当角色库中的角色或现有角色的造型效果不能够满足创作的需求时，可以通过从外部导入图像的方式来创建造型，还可以在原有造型的基础上修改颜色、形状等，来创造新的造型。利用本节的知识，能让舞台上有更多的人物、更多的动作出现。本节的知识结构如图 9-12 所示。

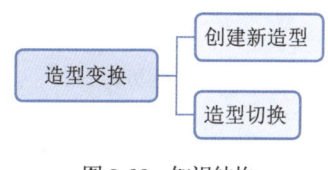

图 9-12　知识结构

?　思考题

1. 选择一个角色，为它添加造型的方法有几种？
2. 哪些积木能够实现造型变换？

知识链接

视觉暂留

动画制作的基本原理与电影、电视一样，利用人类具有的视觉暂留特性来切换画面。看一幅画或一个物体时，物体消失后，眼睛仍能在 0.1 ～ 0.4 秒内保留其影像。利用这一原理，在一幅画还没消失前播放下一幅画，就会给人造成流畅的视觉变化效果，几幅画面连续播放就产生了动画效果。

第10节　有限次循环

第9节中三个萝卜角色已经实现了造型的变换。但还存在一个问题：每单击"绿旗"按钮一次，三个萝卜角色只能实现一次造型变换。如何让角色符合游戏的规则，实现"蹲、站、蹲、站"造型的4次变换呢？

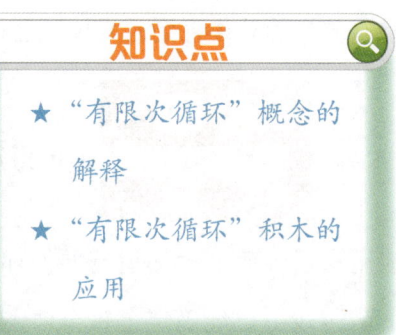

知识点

★ "有限次循环"概念的解释

★ "有限次循环"积木的应用

编写程序，帮助萝卜蹲游戏中的三个角色实现4次造型变换。

10.1　有限次循环的概念

1. "循环类"积木的概念及类型

"循环类"积木表示一直重复积木循环框里面的某一组动作，根据设定条件不同，重复的次数也不同。

在"控制"模块中，有三种"循环类"积木："重复执行（无限次循环）"积木、"按指定次数重复执行（有限次循环）"积木和"重复执行直到……"积木，如图10-1所示。

（a）重复执行　　　　（b）按指定次数重复执行　　　　（c）重复执行直到……

图10-1　"循环类"积木的三种类型

（1）：重复执行一个指令且不限制次数。该积木指令会一

直重复同样的动作直到人为控制它停止，也叫无限次循环。

（2）：按指定次数重复执行内部的动作。该积木指令一

般应用在已经确切地知道需要循环多少次的地方，也叫有限次循环。例如，在
萝卜蹲游戏中已经确定了每个萝卜角色需要变换 4 次造型，就可以使用这个积
木了。

如果指定重复 20 次，则在椭圆框内将"10"改成"20"即可。

（3）：当满足特定条件后，才会继续执行下面的积木指令，

否则会一直重复执行循环动作。或者说，当满足某个条件时才跳出循环。例如，
小朋友在某个地方等妈妈，小朋友每隔一分钟就看一下表，直到妈妈出现，这
种行为就可以用"重复执行直到……"来描述。

10.2 有限次循环的应用

打开第 9 节保存的作品"萝卜蹲游戏 .sb3"，继续对作品进行创作。

1. 第一次探索

使用"控制"模块中的积木，让萝卜角色重复变换造型。

（1）单击角色"白萝卜" ，为它编写脚本，如图 10-2 所示。

（2）单击"绿旗"按钮 ，观察角色造型的变换情况。

程序启动后，白萝卜角色不断地切换造型，角色造型变换得太快，如何解决？

2. 第二次探索

角色造型变换得太快，需要"等待时间"积木来解决。使用"控制"模块中的积木  来解决角色造型变化太快的问题。

单击角色"白萝卜" ，将"控制"模块中的积木 等待 1 秒 拖入"重复执行"积木中，放在"下一个造型"积木的下面，并将等待时间"1"秒改为"0.5"秒，如图10-3所示。

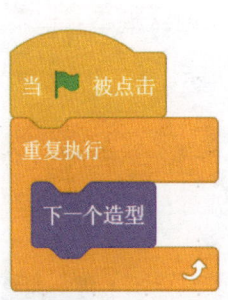

图10-2　白萝卜角色

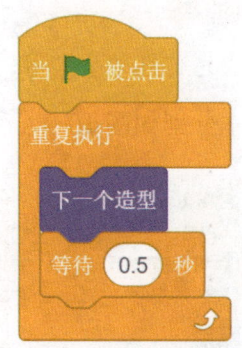

图10-3　添加等待时间的脚本

"控制"模块中的积木 等待 1 秒 能够让角色在等待指定的时间后，继续执行后面的动作。白色框内的数值越大，等待的时间越长；数值越小，等待的时间越短；数值不可为负数。

单击"绿旗"按钮 ，观察角色造型的变换情况。

通过观察发现：白萝卜一直在重复造型的变换，虽然有间隔时间，但还是不符合游戏的规则。

3. 第三次探索

使用"控制"模块中的积木  让萝卜角色按游戏规则变换

造型。角色应该随着游戏口令："白萝卜蹲白萝卜蹲，白萝卜蹲完红萝卜蹲"变换造型。白萝卜蹲了两次，起（站）了两次，也就是蹲、起（站）、蹲、起（站）。白萝卜需要实现 4 次造型的变换。

每个萝卜的角色都需要变换 4 次造型，可以使用"有限次循环"积木来解决问题。

（1）单击角色"白萝卜"，结合游戏规则，将"控制"模块中的积木

 中的执行次数"10"次改为"4"次。

（2）依次为"红萝卜"和"胡萝卜"两个角色编写脚本。白萝卜、红萝卜、胡萝卜的脚本分别如图 10-4、图 10-5、图 10-6 所示。

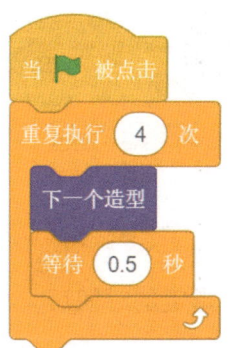  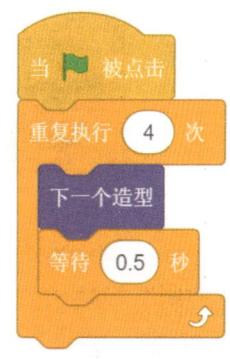

图 10-4 角色"白萝卜"的　　图 10-5 角色"红萝卜"的　　图 10-6 角色"胡萝卜"的
造型变换脚本　　　　　　造型变换脚本　　　　　　造型变换脚本

（3）单击"绿旗"按钮🚩，观察角色造型的变换情况。

（4）将作品保存在"作品"文件夹中，命名为"有限次循环 .sb3"。

🧠 智慧点

应用"控制"模块中的"有限次循环"积木和"等待时间"积木，能够让角色按照游戏规则规定的次数重复角色造型的变换。本节的知识结构如图 10-7 所示。

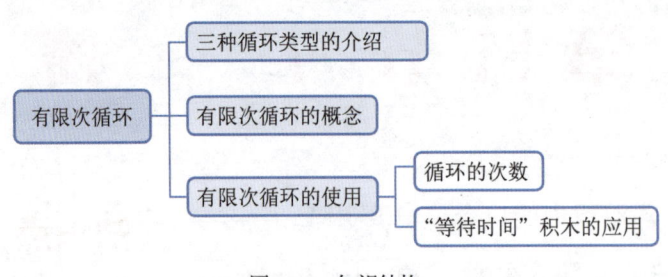

图 10-7　知识结构

？ 思考题

如果想实现角色蹲三次，起（站）三次，该如何操作？

📖 知识链接

循　环

在生活中，某些事有按照一定的规律不断循环出现的现象。例如，一年有春、夏、秋、冬四个季节，就是按照顺序不断重复出现的。循环是指事物周而复始地运动或变化。

循环意味着重复，反复去做同一件事情是非常费时且枯燥的。而对计算机来说，它非常擅长去完成重复任务。例如，扫地机器人的应用。机器人向前走，碰上障碍就转 90°行走一小段距离（一般不超过机器自身宽度），再在同一方向转 90°后行走，直至碰上障碍，又向反方向旋转 90°行走一小段距离，再继续旋转 90°后行走，直至碰上障碍物，一直这样循环。行走类似一个"弓"字的路线。如图 10-8 所示。机器人就是依据这样的路线实现自动清扫工作的。

图 10-8　机器人循环行走路线

第11节 广 播

按照萝卜蹲游戏中的口令"白萝卜蹲白萝卜蹲，白萝卜蹲完红萝卜蹲……"，白萝卜蹲完后告诉红萝卜，红萝卜听见了白萝卜的口令，开始蹲。"告诉"其实就是广播一条消息，而"听见"就是接收了这条消息。

程序设计思路：当"绿旗"按钮被单击后，白萝卜开始蹲，蹲完以后，广播发出指令"红萝卜该你了"；红萝卜接收到指令后开始蹲，蹲完以后，广播发出指令"胡萝卜该你了"；胡萝卜接收到指令后开始蹲；游戏结束。

任 务

帮助萝卜蹲游戏中的三个角色实现：听到相应的口令再做出"蹲"的动作。

11.1 广播消息的发送与接收

在"事件"模块中有两个涉及广播的积木，分别是  和

。使用这两个积木就可以实现消息的发送与接收。

广播 消息1 ▼ ：广播一条消息给所有的角色，并继续运行后面的命令。

当接收到 消息1 ▼ ：接收到特定的广播消息后，运行后面的命令。

11.2　口令传递

编写程序，实现：白萝卜广播消息，红萝卜接收消息；红萝卜广播消息，胡萝卜接收消息。

打开"作品"文件夹中的文件"有限次循环.sb3"，继续对作品进行创作。

1. 白萝卜广播消息，红萝卜接收消息

在原有脚本的基础上，运用"事件"模块中的积木  和

，实现"白萝卜蹲完红萝卜蹲"的动作。

（1）在积木 中，"消息 1"可更改为想发送的消息信息。

更改方法：

① 单击下拉箭头，选择并单击"新消息"，如图 11-1 所示。

② 在弹出的"新消息"对话框中输入新消息的名称，例如，更改新消息为"红萝卜该你了"，如图 11-2 所示。

图 11-1　在广播模块中添加新消息

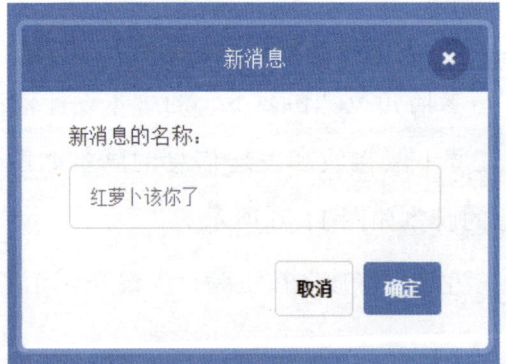

图 11-2　添加新消息的名称

（2）单击角色"白萝卜" 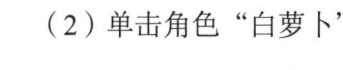，为它编写脚本，如图 11-3 所示。

（3）白萝卜发送"红萝卜该你了"的消息，红萝卜接收到这个消息后，继续执行下面的动作。

单击角色"红萝卜" ，把积木

替换成 ，角色"红萝卜"的脚本

前后对比如图 11-4 所示。

图 11-3　白萝卜广播消息的发送

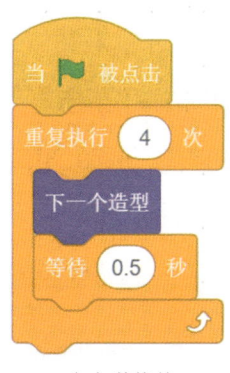

（a）替换前

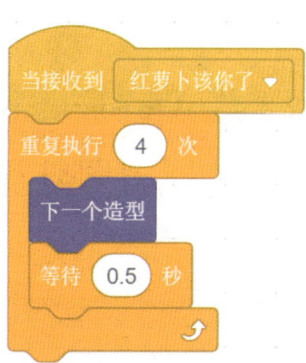

（b）替换后

图 11-4　替换前后的脚本

（4）单击"绿旗"按钮，观察"白萝卜蹲完红萝卜蹲"的动画效果。

2. 红萝卜广播消息，胡萝卜接收消息

参照角色"白萝卜"的脚本设计依次为红萝卜和胡萝卜编写脚本。角色"红萝卜"接收和发送信息的脚本如图 11-5 所示。角色"胡萝卜"接收信息的脚本如图 11-6 所示。

单击"绿旗"按钮，观察萝卜蹲游戏的动画效果。

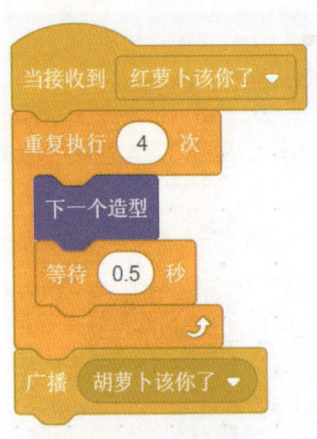
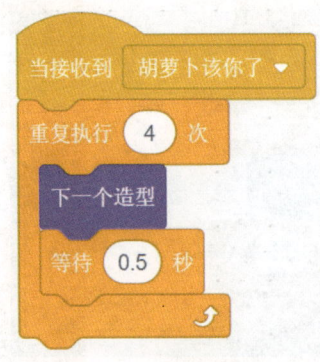

图 11-5　角色"红萝卜"接收和发送信息的脚本　　　图 11-6　角色"胡萝卜"接收信息的脚本

3. 时间控制

在动画设计中，还需要解决一个问题：在白萝卜蹲完以后，红萝卜马上就蹲下了。胡萝卜也有这样的情况。根据萝卜蹲游戏中的口令，角色接收到指令后，需要等待适当的时间再变换造型。可使用"控制"模块中的积木  让游戏效果更合理。

根据游戏口令的速度，为每个角色添加"等待时间"积木 ，并做适当的更改。

（1）单击角色"白萝卜"，将等待时间"1秒"改为"0.5秒"；

（2）单击角色"红萝卜"，将等待时间"1秒"改为"2秒"；

（3）单击角色"胡萝卜"，将等待时间"1秒"改为"2秒"。

完善后的角色"白萝卜" 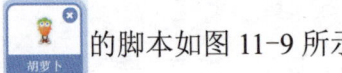 的脚本如图 11-7 所示。角色"红萝卜"的脚本如图 11-8 所示。角色"胡萝卜"  的脚本如图 11-9 所示。

单击"绿旗"按钮 🚩，观察萝卜蹲游戏的动画效果。

将作品保存在"作品"文件夹中，命名为"广播 .sb3"。

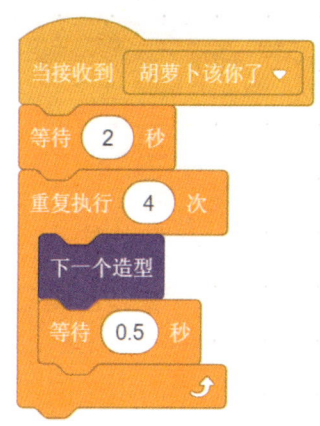

图 11-7　完善后的角色"白萝卜"的脚本　　图 11-8　完善后的角色"红萝卜"的脚本　　图 11-9　完善后的角色"胡萝卜"的脚本

智慧点

应用"控制"模块中的积木 、，结合"有限次循环"的循环结构就能够实现整个萝卜蹲游戏。

在程序设计中经常会用到"广播"的概念，它是一个消息触发机制。本节的知识结构如图 11-10 所示。

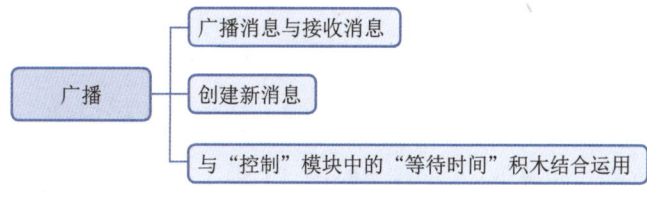

图 11-10　知识结构

思考题

1. "事件"模块中的"广播"积木在程序中起什么作用？

2. "广播"积木一般和哪一个积木配合使用？

 知识链接

早期的广播

广播是指通过无线电波或导线传送声音的新闻传播工具。

1906 年圣诞节前夜，美国的费森登和亚历山德逊在纽约附近设立了一个广播站，并进行了有史以来第一次广播。广播的内容是两段笑话、一支歌曲和一支小提琴独奏曲。这一广播节目被当时四处分散的持有接收机的人们清晰地收听到了。1908 年，美国的弗雷斯特又在巴黎埃菲尔铁塔上进行了一次广播，被那一地区所有的军事电台和马赛的一位工程师收听到。1916 年，弗雷斯特又在布朗克斯新闻发布局的一个试验广播站播放了关于总统选举的消息，可是在当时只有极少数的人能够收听这些早期的广播。

真正的广播诞生于 20 世纪 20 年代。世界上第一座领有执照的电台，是美国匹兹堡 KDKA 电台，于 1920 年 11 月 2 日正式开播。中国的第一座广播电台建于 1923 年 1 月，是由美国人奥斯邦创办的，属于中国无线电公司的广播台，首先在上海播出。

第12节 声 音

三个萝卜角色听到口令，即可变换造型，萝卜蹲游戏基本上已经完成了。如何能让萝卜蹲游戏更加生动和真实呢？

任 务

为萝卜蹲游戏录制个性化的游戏口令，并在舞台上播放出录制的声音。

12.1 添加声音文件

在 Scratch 中可以通过"声音"选项卡来添加声音、录制声音、编辑声音或者上传本地声音；通过背景音乐来烘托一种氛围或者通过某种音效来表达一种状态，还可以录制个性化的声音，让作品更加真实、生动。

1. 添加声音的方法

单击"白萝卜"角色，单击"声音"选项卡，打开声音编辑区，如图 12-1 所示。

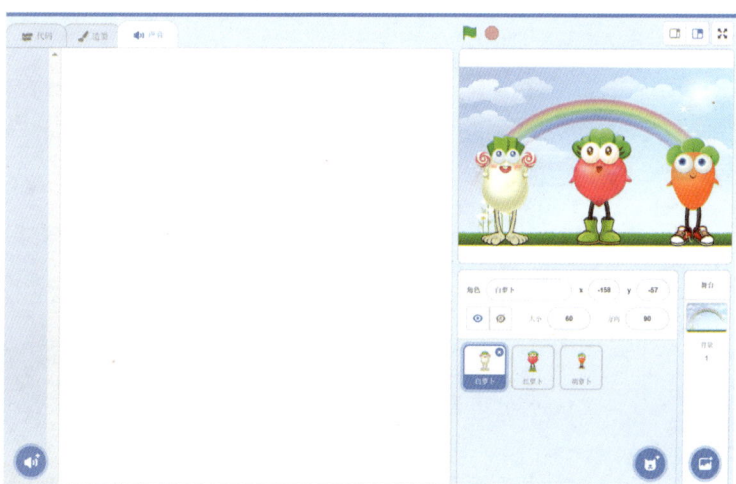

图 12-1 "声音"选项卡

添加声音文件有四种方法，如图 12-2 所示。

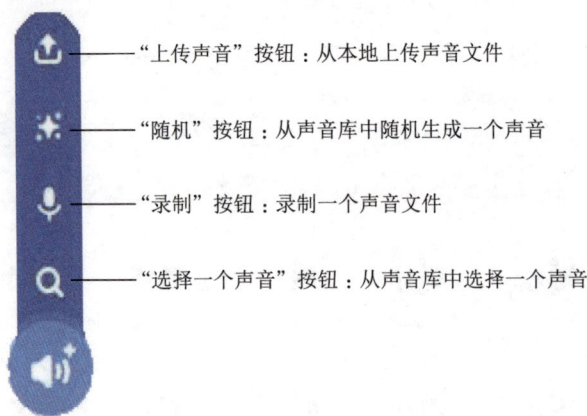

"上传声音"按钮：从本地上传声音文件

"随机"按钮：从声音库中随机生成一个声音

"录制"按钮：录制一个声音文件

"选择一个声音"按钮：从声音库中选择一个声音

图 12-2　添加声音的方法

在 Scratch 角色区有一个"声音库"，如图 12-3 所示，其中有丰富的声音可供选择。库中所有声音根据不同的类别分为"动物"、"效果"、"可循环"、"音符"等九大类。单击类别图标即可查找相应的声音，也可以在搜索框中输入关键词查找。

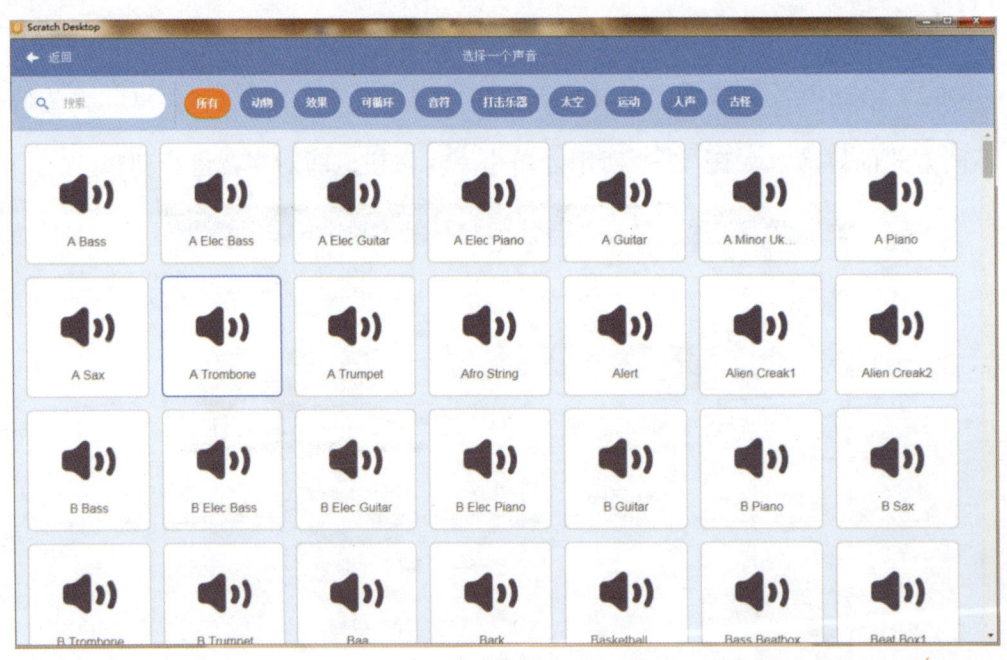

图 12-3　声音库

2. 编辑声音文件

以声音"Bossa Nova"为例进行声音的编辑。

（1）单击"可循环"类，选择第一个声音"Bossa Nova"，如图 12-4 所示。

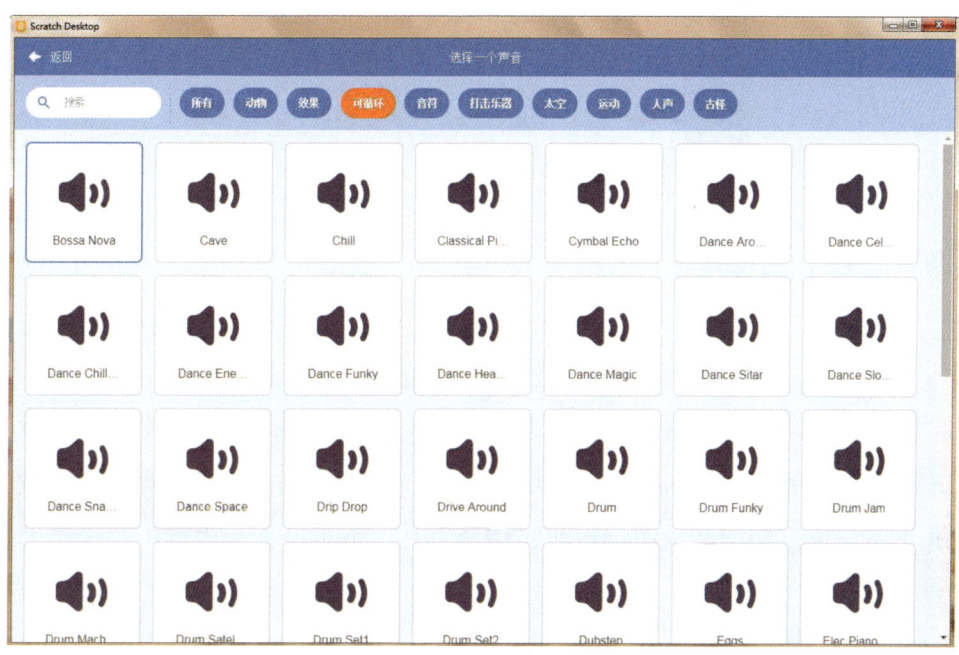

图 12-4　添加声音文件

（2）添加声音文件后，即可对声音文件进行"快一点""响一点"等 7 种不同方式的修改。如图 12-5 所示。单击 ✂ 修剪 按钮，即对声音进行剪辑。

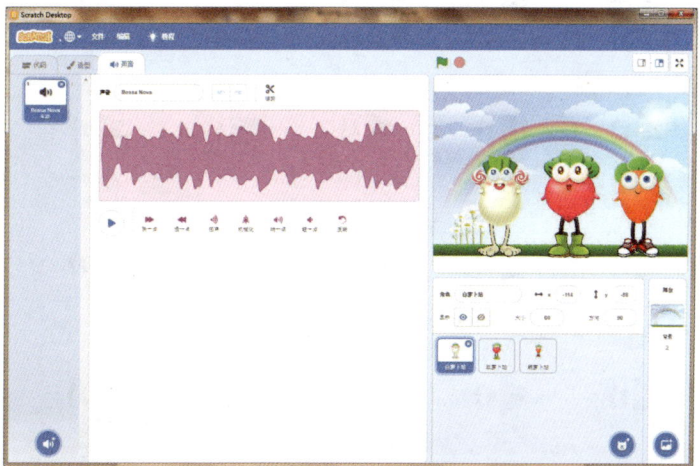

图 12-5　编辑声音文件

12.2　录制个性化声音

在"声音"选项卡中，将鼠标移到"选择一个声音"按钮，单击"录制"按钮 🎤。在录制声音的对话框内单击"录制"按钮，即可使用电脑的录音设备来录制自己的声音了。录制萝卜蹲游戏口令："白萝卜蹲白萝卜蹲，白萝卜蹲完红萝卜蹲；红萝卜蹲红萝卜蹲，红萝卜蹲完胡萝卜蹲；胡萝卜蹲胡萝卜蹲……"。声音录制完毕后，单击"停止录制"按钮，如图 12-6 所示。

图 12-6　录制声音

录制完成后，还可进行"重新录制"、"播放"及"保存"等操作，如图 12-7 所示。

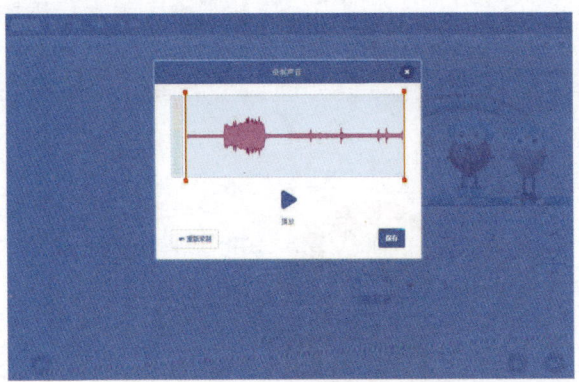

图 12-7　录制界面

录制的声音文件保存后，也可根据需要对声音文件进行修改、编辑和重命名，例如，把录音文件名称改为"萝卜蹲游戏口令"，如图 12-8 所示。

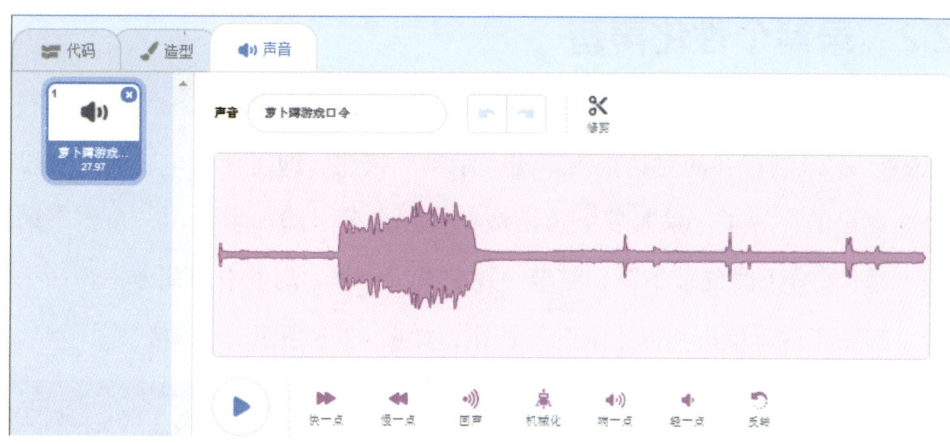

图 12-8 将录音文件重命名

12.3 播放声音

通过"添加声音"和"录制声音"的学习，现在可以为萝卜蹲游戏的脚本添加游戏口令了。口令如何在舞台上播放出来呢？需要使用"声音"模块中的积木 播放声音 萝卜蹲游戏口令 ▼ ，在下拉箭头中选择录制的声音文件"萝卜蹲游戏口令"，使它能够播放指定的声音，同时执行后面的脚本。

（1）单击角色"白萝卜"，在"当绿旗被点击"积木后添加"声音"模块中的积木 播放声音 萝卜蹲游戏口令 ▼ ，如图 12-9 所示，即游戏一开始，就播放游戏口令。

图 12-9 播放口令

单击"绿旗"按钮🚩，欣赏萝卜蹲游戏的动画效果。如果录制的游戏口令与角色运动的速度不相符，可在每个脚本的"重复执行"积木中，适当修改积木 [等待 1 秒] 中的指定时间。

智慧点

本节学习了"声音"模块中的积木操作，涉及添加库中的声音、添加外部声音文件、录制声音。声音文件也可以进行编辑。运用本节的知识可以制作出更加生动、吸引人的 Scratch 程序。本节的知识结构如图 12-10 所示。

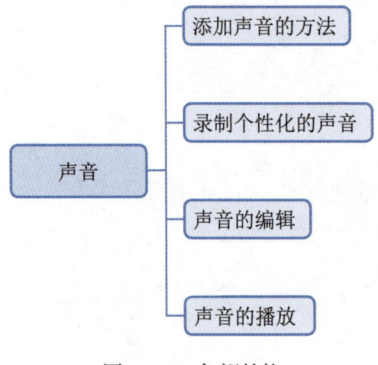

图 12-10　知识结构

思考题

1. 添加声音的方法有哪些？

2. 如果想在程序运行时播放一首自己喜欢的音乐，需要做哪些准备？

3. 对声音能做哪些编辑操作？

知识链接

声　音

风声、雨声、雷声、鸟叫声、海浪声、汽笛声、说话声、笑声、优美的琴声，等等，这些都是来自生活中的声音。

声音是什么？声音（sound）是由物体振动产生的声波。

物体在振动时发出声音。在声学中，把振动的物体叫作发声体或声源。小提琴、胡琴等乐器靠弦振动发声；锣、鼓等靠板或皮的振动发声；箫、喇叭等靠空气柱的振动发声；人说话靠声带的振动发声。

声音的强弱用"分贝"来表示，符号为 dB。0dB 刚刚引起听觉，超过 50dB 的噪声就会影响睡眠和休息。

第四章
流浪动物救助站

　　Giga 是个有爱心的孩子，她经常利用周末的时间，去看望流浪动物救助站里的小猫和小狗。这一天，Giga 拿出了自己的零花钱，谨记妈妈的嘱咐：要远离障碍物和河水，安全走过小桥。到达宠物商店后，售货员 Abby 姐姐向她推荐了价格合适的猫粮和狗粮。Giga 决定买一袋猫粮和三袋狗粮，她带的钱到底够不够用呢？她一共花了多少钱呢？我们一起跟随她的足迹去看看吧。

第13节　键盘控制

今天是周末，Giga 要去流浪动物救助站看望小动物们。出发前，妈妈告诉她，要小心行走，注意障碍物。Giga 时刻谨记妈妈的叮嘱，在去救助站的路上，慢慢地走，躲避黑色的障碍物。她能否安全到达呢？我们一起去看看吧！

知识点

★ 键盘按键控制角色动作

★ 对于颜色的侦测

★ 选择结构的应用

任　务

用键盘控制 Giga 行进并能够安全躲避障碍物。

13.1 键盘控制角色

Giga 住在一个很漂亮的小区里，如果她要去动物救助站，需要走很长的距离，还要小心障碍。她要如何走过去呢？

首先，要创建角色和背景。在背景区导入外部图像文件"素材\流浪动物救助站\背景.PNG"作为背景，如图 13-1 所示。在角色区单击"选择一个角色"按钮，在角色库中选中角色"Giga walking"，将大小设为"30"，放在左下角。

1. 键盘事件

利用键盘按键控制 Giga 行进。找到"事件"模块中的积木  ，单击下拉箭头，会出现很多选项，这些选项与键盘上的数字键、字母键一致，此处选择常用的方向键，如图 13-2 所示。

动物救助站

Giga 的家

图 13-1 Giga 的行走路线

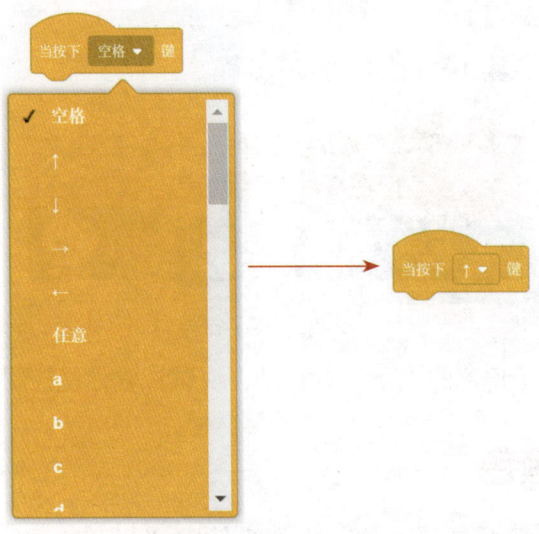

图 13-2 选择"上箭头"方向键

2. 向上移动

将"运动"模块中的积木 将y坐标增加 10 拼接入脚本中，即当按下"上箭头"键时，角色向上移动 10 步，如图 13-3 所示。

图 13-3 向上移动

3. 其他方向的移动

编写了一个方向的脚本后，利用复制命令可以提高程序编写的效率。右击

脚本，选择"复制"命令后，就会又出现一组相同的脚本。修改第二个脚本的方向为"下箭头"，移动步数为"-10"，方法如图13-4所示。

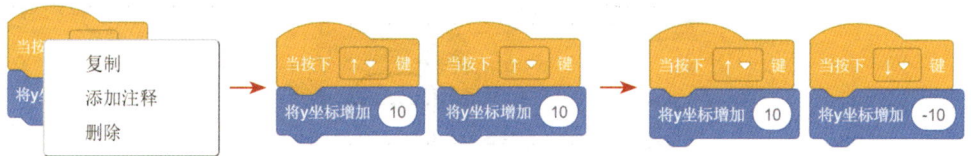

图13-4　向下移动

设计左右方向移动，需要将"运动"模块中的积木  换成积木

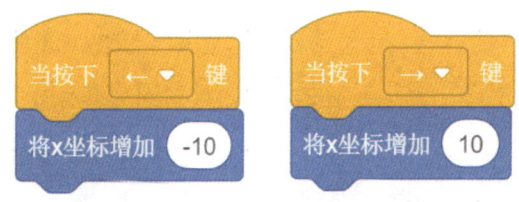，如图13-5所示。

图13-5　左右移动

现在已经完成了角色的上下左右移动，快试试看你能控制 Giga 移动了吗？

13.2　侦测颜色

当控制角色移动的时候，有没有发现 Giga 可以穿越障碍物？但 Giga 没有穿墙术，要提醒她躲避障碍物。此处要用到用于选择判断的"条件"积木和"侦测颜色"积木。

1. "条件"积木

在"事件"模块中有两个积木用于条件的判断，分别是"单分支条件"积木  和"双分支条件"积木 ，用于判断条件是否

满足。条件满足为"真"，不满足为"假"。根据判断结构执行不同的脚本。

"单分支条件"积木：只有当条件为真时，才会执行包含的积木指令。如果

不满足，则略过该积木，执行下一个积木指令。

"双分支条件"积木：如果条件为真，则执行"那么"中包含的积木指令；如果条件为假，则执行"否则"中包含的积木指令。

2."侦测颜色"积木

Giga 在行进中要避开障碍物。仔细观察，这些需要躲避的障碍物都有黑色的边框，如图 13-6 所示。

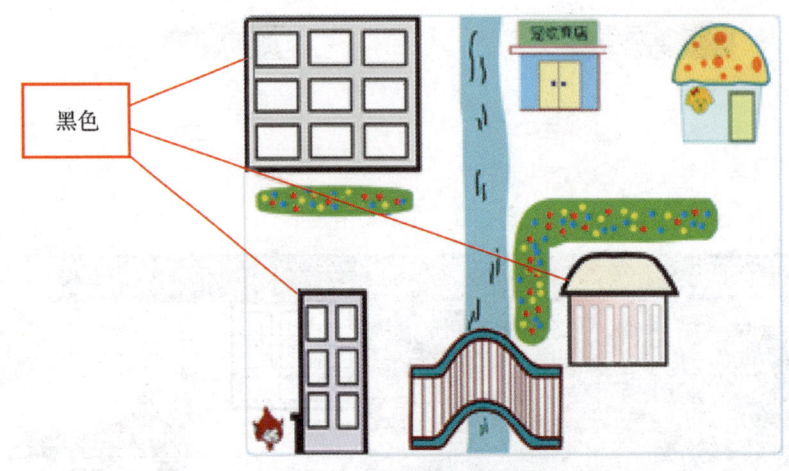

图 13-6　障碍物都有黑色

Giga 在行进中如果碰到黑色的障碍物，就要说出"哎呀！"。当"绿旗"按钮被单击后就一直检测颜色。

"侦测"模块中的积木 碰到颜色 ？ 可用于颜色的侦测。积木中的色块颜色就是要判断的颜色，所以，要选取障碍物的黑色。选取颜色的方法有两种。

方法一：数值选取颜色。单击侦测颜色的色块后会出现"颜色"、"饱和度"、"亮度"选项，按照图 13-7 所示的方法，拖动滑块找到黑色。但前提是，在绘制障碍物的边框时用的也是这种黑色。

方法二：用取色器取色。侦测颜色的选项窗口的最下面有一个工具——取色器。单击取色器，舞台会提亮，效果如图 13-8 所示。

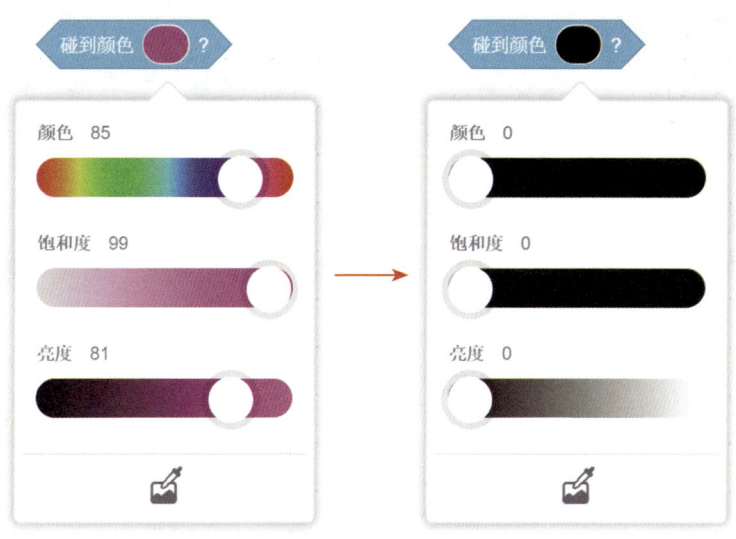

图 13-7　用数值选择黑色

图 13-8　使用取色器

　　将鼠标放在舞台上，出现了放大镜的效果，便于拾取颜色，单击舞台上的黑色，颜色就被选取到了"侦测颜色"积木中，即完成了取色，如图 13-9 所示。

图 13-9　使用取色器取色

"控制"模块中的积木  与"侦测"模块中的积木

碰到颜色 ⬤ ? 结合使用，在"循环执行"积木内嵌套一个"单分支条件"

积木，就可以实现颜色的判断了。具体脚本如图 13-10 所示。

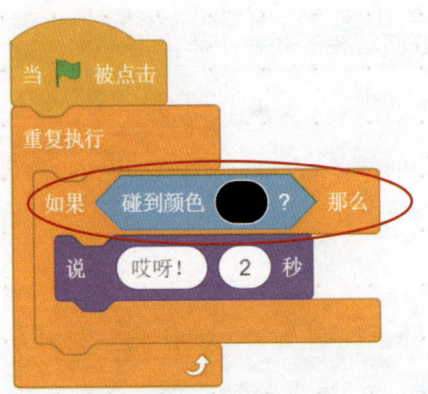

图 13-10　"条件"积木和"侦测颜色"积木嵌套使用

🔊 注意："侦测颜色"积木放入脚本时，从积木的左端嵌入。

使用键盘控制 Giga 行进，并进行颜色侦测的脚本如图 13-11 所示。

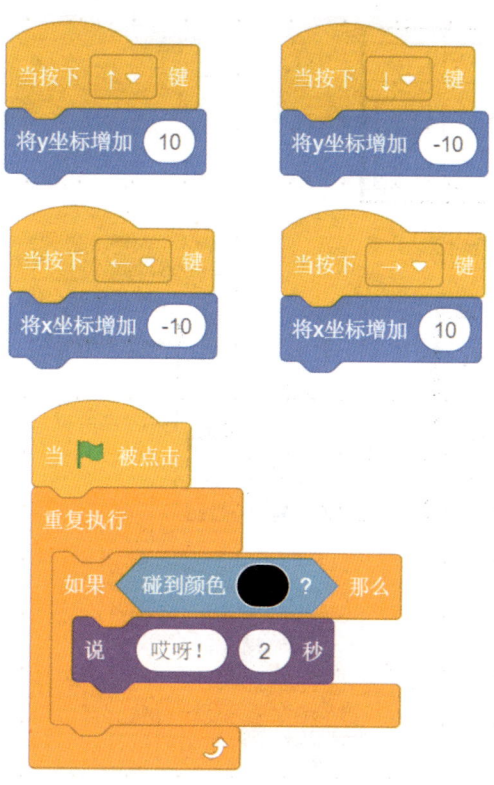

图 13-11　Giga 的脚本

3. 操作实践

尝试操作角色移动，确定是否实现了以下功能：

（1）利用键盘上的方向键控制角色上下左右移动。

（2）如果碰到舞台中的黑色，会说"哎呀！"。

（3）保存作品到"作品"文件夹，命名为"流浪动物救助站 .sb3"。

智慧点

本节实现了角色的键盘控制及颜色的侦测。利用方向键控制角色准确移动，实现键盘控制；使用"控制"模块中的"条件"积木进行判断，实现角色避让障碍物；利用"侦测颜色"积木判断颜色，并学会选取颜色。本节的知识结构如图 13-12 所示。

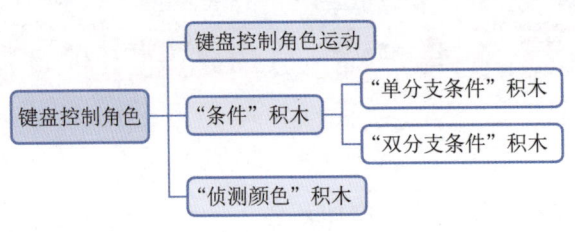

图 13-12　知识结构

思考题

1. 设计角色如果碰到绿色的草坪，就提示："要爱护草坪！"。
2. 用字母键也可以控制角色移动，尝试用相邻的字母键控制角色。

知识链接

流浪动物救助站

我国目前还没有官方的流浪动物救助机构及收容所，在民间有很多公益组织或个人筹建的流浪动物救助站。绝大多数的救助站是非营利组织，需要一些有爱心或者有能力的人去捐助，才得以生存。大多救助站的经济压力是比较大的。很多有爱心的志愿者或义工加入到流浪动物的爱心救助中。有些救助站中的动物还可以被领养，回归家庭。

第14节　侦测距离

Giga 在路上非常注意安全。妈妈还告诉她，一定要与河水保持距离，不要离河水太近，会有危险。于是，Giga 在经过河水时，都离得远远的。河水旁边有提示牌，如果离它太近，会发出提示："小心河水！保持距离！"。来看看 Giga 是如何渡过小桥的！

任　务

编写程序，让 Giga 和河水保持距离，帮助她安全地渡过小桥。

14.1　侦测到角色的距离

Giga 居住的小区外面就是一条河，河边立着一个提示牌"注意危险"。此外，这个牌子还有一个功能，当有人距离它小于 50 时，就会自动广播："小心河水！保持距离！"。

1. "侦测距离"积木

侦测 Giga 与提示牌之间的距离，需要用到"侦测"模块中的积木

`到 鼠标指针▼ 的距离`，单击积木中的下拉箭头，选择角色区的其他角色，即可侦测出到该角色的距离的数据。

2. 添加角色

在角色区，单击"上传角色"按钮，导入外部图像文件"素材\流浪动物救助站\提示牌.PNG"作为角色。效果如图 14-1 所示。

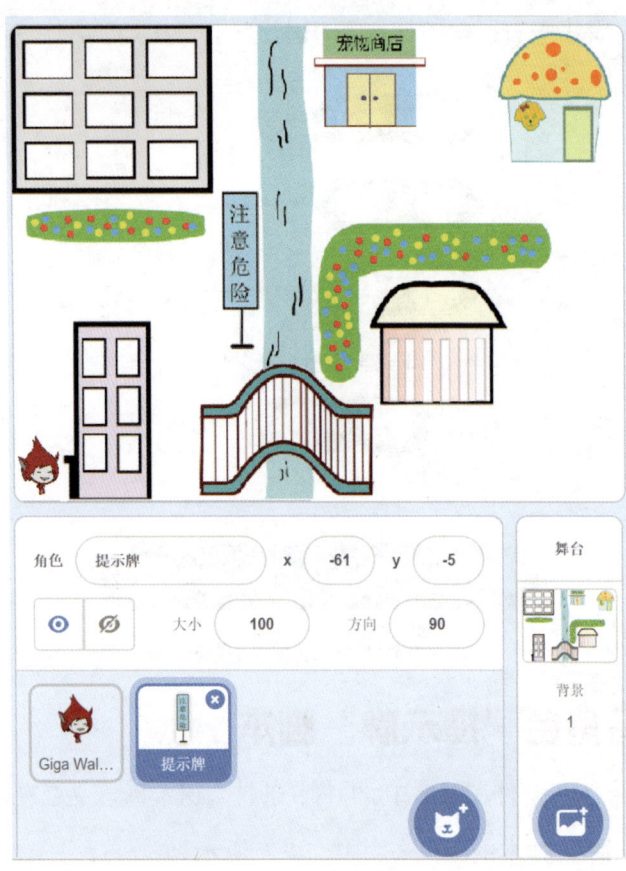

图 14-1　舞台及角色

　　单击角色"提示牌"，在"侦测距离"积木中选择到角色 Giga Walking 的距离。如图 14-2 所示。

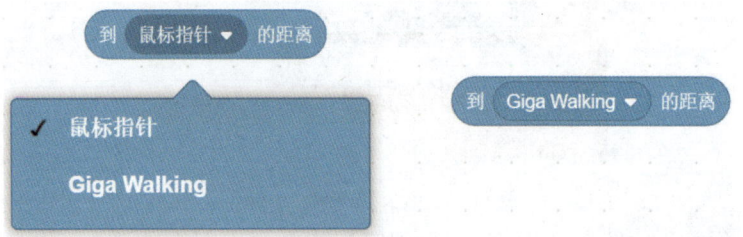

图 14-2　选择角色

14.2　距离比较

　　提示牌距离 Giga 多远就会出现安全提示呢？此处要给出一个具体的数值作为比较的标准。如果角色"提示牌"到角色 Giga 的距离小于 50，则提出警告。

97

在"运算"模块中有三个"比较"积木：大于、小于、等于，如图 14-3 所示。

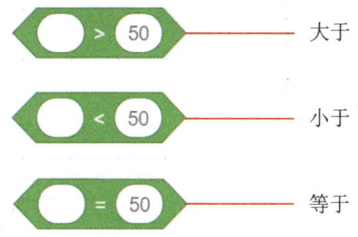

大于

小于

等于

图 14-3　"比较"积木

将"运算"模块中的积木  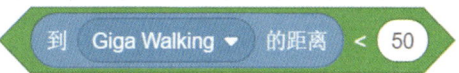 与"侦测距离"积木结合使用，如图 14-4 所示。

到 Giga Walking ▼ 的距离 < 50

图 14-4　侦测角色距离小于 50

14.3　编写角色"提示牌"脚本

将图 14-4 嵌入"条件"积木中，再将"条件"积木嵌入"重复循环"积木中，完成角色"提示牌"脚本的编写，如图 14-5 所示。

图 14-5　角色"提示牌"的脚本

单击"绿旗"按钮运行程序，查看程序运行效果。保存作品到"作品"文件夹，命名为"侦测距离 .sb3"。

智慧点

本节实现了对角色距离的侦测，使用"侦测距离"积木 到 鼠标指针 ▼ 的距离

结合"运算"模块中的积木 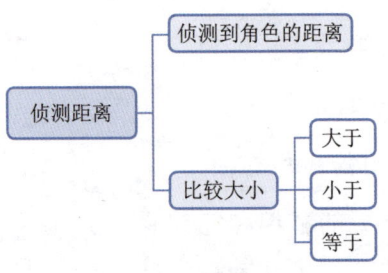 ，即可准确侦测出到某个角色的具体距离。本节的知识结构如图14-6所示。

图14-6　知识结构

思考题

1. 除了能够侦测到角色的距离，还可以侦测哪些距离？
2. 修改判断的条件，查看舞台效果。

知识链接

溺水的原因

人淹没于水中，由于呼吸道被水、污泥、杂草等杂质阻塞，喉头、气管发生反射性痉挛，引起窒息和缺氧。

（1）水面以上与水面以下温差较大。有些水域表面以上与表面以下温差较大，下水后突然遭受冷水的刺激，会在水下出现四肢痉挛、抽搐，导致失去控制能力而下沉。

（2）被水草缠绕、陷入淤泥。有些水域中会有很多水草和淤泥，下水后可能会被水底的水草缠绕而导致下沉，或者陷入淤泥中而失去控制能力。水底乱石较多，坑洼不平，极易发生危险。

（3）水域底部出现断层。有些水域岸边看起来很浅，但底部呈现断层或坡状，人在水中很容易突然落入深水区，出现呛水、惊慌紧张而导致溺水。

第 15 节　数学运算

Giga 顺利地到达了宠物商店，轻轻敲一敲门，售货员 Abby 姐姐出现了，向她推荐了价格最合适的猫粮和狗粮。Giga 决定买一袋标价 30 元的猫粮和三袋标价 20 元的狗粮。买小动物的食物共花掉她多少钱呢？

知识点

★ "运算"模块各积木的使用

★ 键盘触发程序事件

★ 字符串拼接

任　务

编写程序，帮 Abby 算一算 Giga 共需要花费多少钱。

15.1　键盘触发程序事件

Giga 到达宠物商店后，轻轻敲一敲门，售货员 Abby 姐姐出现了，向她推荐了价格最合适的猫粮和狗粮。

1. Abby 出现

在这个情景中，需要通过键盘侦测实现角色 Abby 的出现。此处，用单击空格键作为敲门声。

（1）在角色区中导入角色库中的角色 Abby。

（2）程序刚开始运行时，角色 Abby 是隐藏的，当单击空格键时角色 Abby 是显示的。

（3）编写角色 Abby 出现的脚本，如图 15-1 所示。

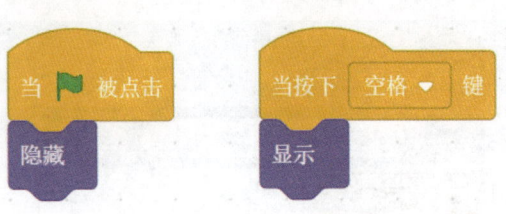

图 15-1　角色 Abby 出现的脚本

2. Abby 介绍优惠活动

Abby 向 Giga 介绍了今天的优惠活动，将角色 Abby 说话的脚本编写完整，如图 15-2 所示。

图 15-2　角色 Abby 说话的脚本

🔊 **注意**：因为 Abby 的介绍有些长，所以把说话的时间改成了"5"秒。

3. Abby 与 Giga 的语言交互

Abby 姐姐说："今天新到的猫粮 30 元一袋，狗粮 20 元一袋，价格非常合适！"Abby 说完话，要给角色 Giga 发送一个广播消息"说话 1"。

Giga 接收到广播消息"说话 1"后说："我想买一袋猫粮和三袋狗粮。"再发送一个广播消息"说话 2"给 Abby。

角色 Abby 的脚本如图 15-3 所示。角色 Giga 的脚本如图 15-4 所示。

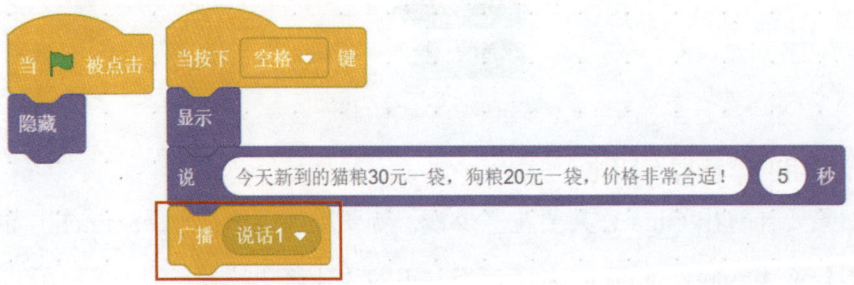

图 15-3　角色 Abby 的脚本

101

图 15-4 角色 Giga 的脚本

借助广播消息，可以实现角色之间的互动，但要注意先后顺序！

15.2 运算模块

Scratch 中的"运算"模块中包含了多种运算积木，使用这些积木就可以解决与数学相关的问题，如图 15-5 所示。

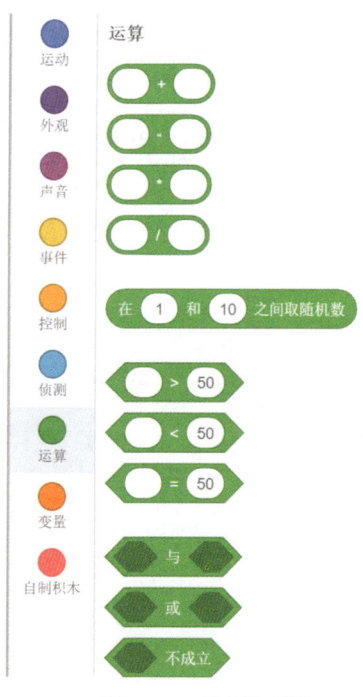

图 15-5 "运算"模块

1. 常用的"运算"积木

如果要计算出 Giga 总共要花多少钱，就要用到运算符号。Scratch 中的加减乘除用什么表示呢？如图 15-6 所示为常用的"计算"积木。

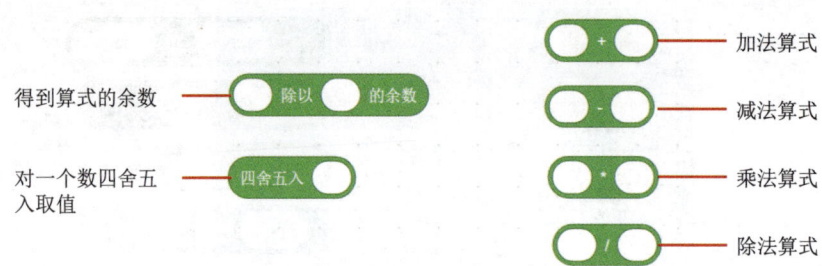

得到算式的余数 —— 除以 的余数
加法算式
减法算式
对一个数四舍五入取值 —— 四舍五入
乘法算式
除法算式

图 15-6　常用的"计算"积木

2. 计算价格

（1）列算式：一袋猫粮是 30 元，三袋狗粮是 20×3 元。其中一个是乘法算式，所以从"运算"模块中拖出"乘法"积木到脚本区，并填入数值，如图 15-7 所示。

（2）将购买猫粮和狗粮花的钱相加，就要用到"加法"积木。从"运算"模块中拖出"加法"积木，并把"30"和算式"20×3"分别放在加号的左右两侧，这个算式得出来的数，就是 Giga 花钱的总数了。参照图 15-8 所示的方法，完成算式的编写。

（3）单击脚本，发现算式得数出现在下面，如图 15-9 所示。

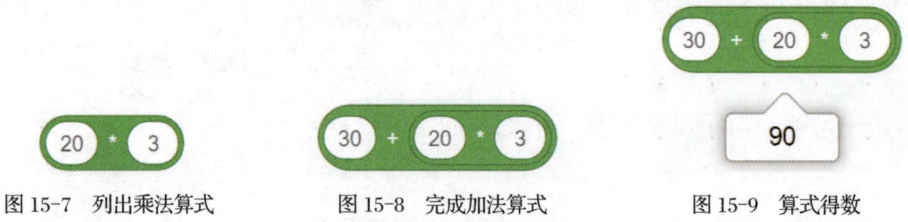

图 15-7　列出乘法算式　　　图 15-8　完成加法算式　　　图 15-9　算式得数

15.3　字符串拼接

1. 字符串

Abby 姐姐已经算出总价格，说"一共是 90"，如图 15-10 所示。这句话中包含文字与算式的值，如何将它体现在舞台中呢？

Abby 所说的话就是字符串，字符串是一个或多个字符组成的有序序列。"运算"模块中关于字符串的积木如图 15-11 所示。

图 15-10　Abby 说话的效果　　　　　图 15-11　字符串相关积木

（1）字符串拼接。使用积木 连接 apple 和 banana 可以将字符串"apple"和"banana"连接起来，形成一个新字符串"applebanana"。

（2）获取单个字符。使用积木 apple 的第 1 个字符 可以获取字符串中的单个字符。单击积木，就会显示出"apple"的第 1 个字符

"a"　　　　　　　　　　　　　　　　。

（3）字符串的字符数。使用积木 apple 的字符数 可以获取字符串的字符数。

单击积木就会显示出字符串"apple"的字符数量　　　　　　　　　。

（4）检测字符。使用积木 apple 包含 a ？ 可以检测字符串中是否包

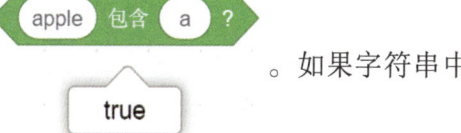

含某个字符。单击积木，就会看到结果　　　　　　　　　。如果字符串中

包含该字符，则显示"true"，即为"真";如果不包含，则显示"false"，则为假。

2. 完成脚本

Abby 说"一共是 90"，这句话要分两部分实现，如图 15-12 所示。

运用积木 连接 apple 和 banana ，将以上两部分嵌入，并结合积木

 完成脚本的编写，如图 15-13 所示。

一共是　　　　　　90

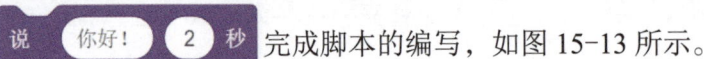

图 15-12　字符串结构分解

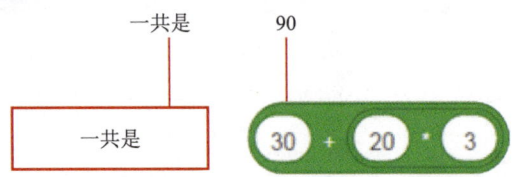

图 15-13　使用字符串拼接

角色 Abby  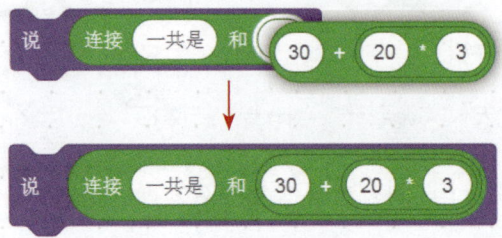 的脚本如图 15-14 所示。角色 Giga  的脚本如图 15-15 所示。

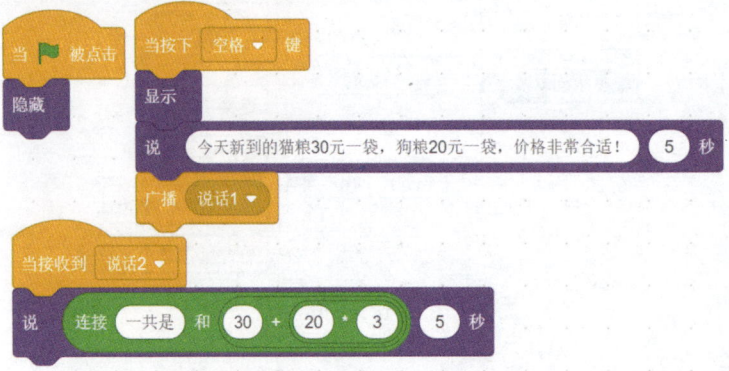

图 15-14　角色 Abby 的脚本

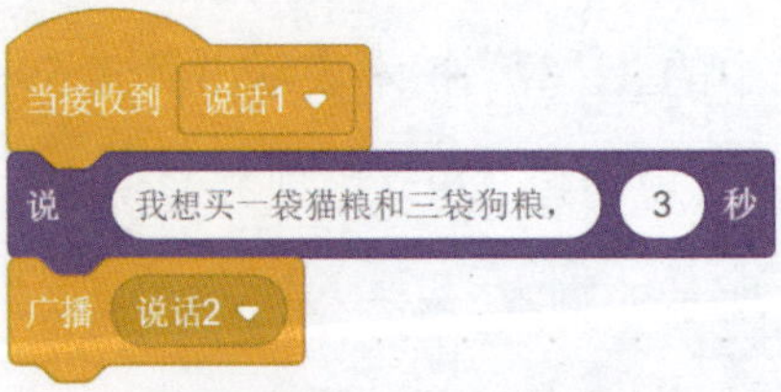

图 15-15　角色 Giga 的脚本

程序编写完毕，将作品保存到"作品"文件夹，命名为"数学运算.sb3"。

💡 智慧点

本节帮助 Abby 计算出 Giga 所买猫粮和狗粮的总价格，用到了"运算"模块中的积木。

（1）"加法"积木  和"乘法"积木 组合后，将数值嵌入，就能计算出总价格。

（2）会使用"加法"、"减法"、"乘法"、"除法"、"求余"积木进行计算。

（3）学会用"字符串连接"积木 连接 apple 和 banana 连成句子，并会灵活运用。

本节的知识结构如图 15-16 所示。

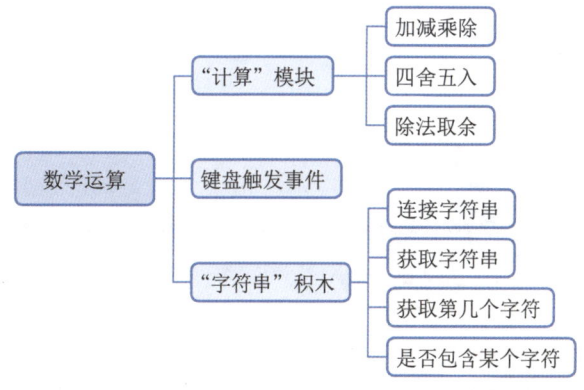

图 15-16　知识结构

❓ 思考题

1. 利用"运算"模块中的"计算"积木表示出算式 59-54÷9。注意计算顺序。

2. 本节用单击空格键实现角色 Abby 出现并"说话"。如果尝试让角色 Abby 不隐藏，编写如图 15-17 所示的脚本，思考：是否能实现"当碰到 Giga，那么说话"的效果？如果实现了说话，有没有问题？原因在哪？

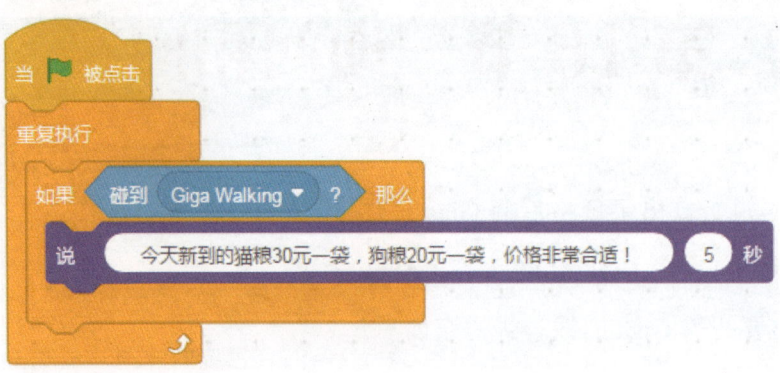

图 15-17 角色 Abby 修改后的脚本

📖 **知识链接**

程序中的四则运算

以一个四则运算为例，尝试利用"运算"模块中的"计算"积木表示出来，并算出得数。例如，5+8×(2+6)，其运算顺序及应用的积木如表 15-1 所示。利用程序编写算式可以直接得出结果，但要注意编写的顺序要和运算的顺序一致。

表 15-1 程序中的四则运算

顺 序	运算算式	积 木
第一步	2+6	(2 + 6)
第二步	8×(2+6)	(8 * 2 + 6)
第三步	5+8×(2+6)	(5 + 8 * 2 + 6)

第16节 询问和回答

Abby 姐姐算出了价格后问 Giga："你带了多少钱呢？"Giga 给出回答。Abby 姐姐算出要找给 Giga 的钱。买完东西后，Giga 来到了动物救助站，带来了小动物们的粮食并来看望动物们。当她按下"爱心"门铃时，传出声音"感谢你的爱心！"。能够为这些流浪动物献出爱心，Giga 觉得这一天过得特别有意义。

知识点

★ "询问"和"回答"积木的使用

★ 侦测角色

任 务

输入 Giga 带了多少钱，完成购物后到达动物救助站。

16.1 "询问"和"回答"积木

Giga 带了多少钱呢？需要找回零钱吗？接下来利用"询问"和"回答"积木实现程序的互动。

1."询问"积木

Abby 姐姐算出这些食物的价格是 90 元，于是问 Giga："你带了多少钱呢？"在这个情境中，需要输入一个数值。打开"作品"文件夹中的文件"数学运算.sb3"，将"侦测"模块中的积木 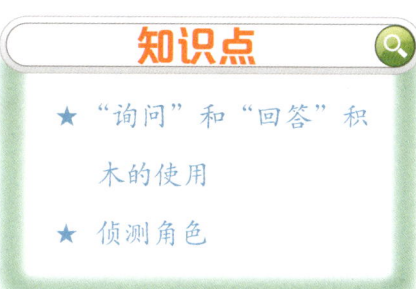 拖入脚本区，输入文字"你带了多少钱呢？"，如图 16-1 所示。利用键盘上的"w"键来实现角色的询问，即当按下"w"键时，角色 Abby 开始询问，如图 16-2 所示。

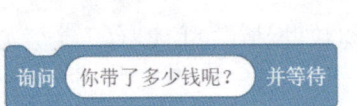

图 16-1　询问并等待

图 16-2　加入询问

单击脚本，舞台区会出现如图 16-3 所示的画面。

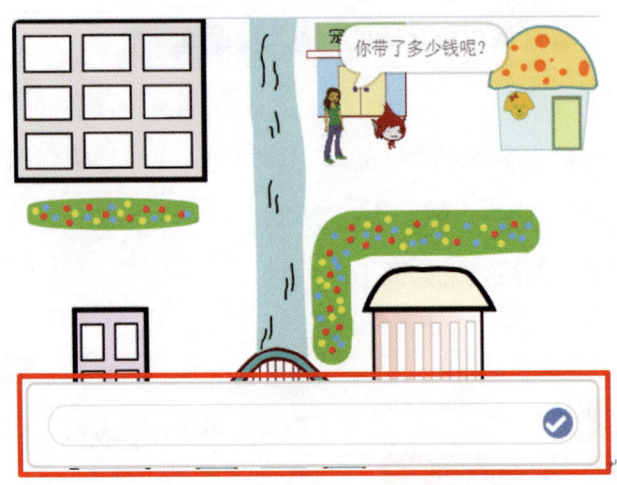

图 16-3　"询问"积木在舞台中的实现效果

在输入框中输入数值，如"100"，用鼠标单击 ✓ 图标，或者单击键盘上的回车键，即可参与互动。

2. "回答"积木

如果 Giga 带了 100 元，那么角色 Abby 要根据输入的数值，即 回答 ，算出要找回的零钱是多少，列出算式" 回答 -90"。

再结合积木 说 你好！ 2 秒 和 连接 apple 和 banana 完成角色 Abby 的脚本编写，如图 16-4 所示。

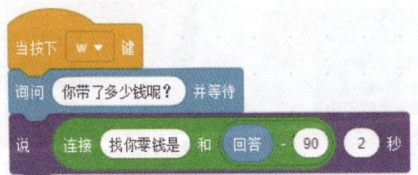

图 16-4　角色 Abby 的脚本

109

16.2　侦测角色

　　Giga 买完猫粮和狗粮后，就要去动物救助站了。门口有一个爱心门铃，每一次她都要按门铃才能进去。

　　（1）在角色区导入外部图像文件"素材\流浪动物救助站\爱心.PNG"作为角色，调整大小并放置在舞台中合适的位置处，如图 16-5 所示。

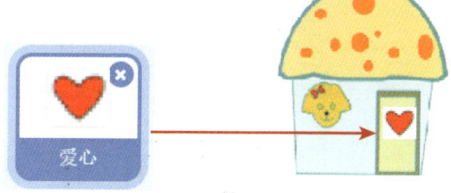

图 16-5　调整角色"爱心"的位置

　　（2）角色"爱心"如果碰到 Giga，就对 Giga 说"感谢你的爱心！"。运用"侦测角色"积木编写脚本，如图 16-6 所示。

　　（3）运行程序，最终效果如图 16-7 所示。

图 16-6　角色"爱心"的脚本

图 16-7　舞台效果

　　Giga 最终到达了流浪动物救助站，在这里，她度过了愉快而有意义的一天！

　　最后，将所有角色的脚本加以总结，角色"爱心"、"提示牌"、Abby、Giga 的脚本分别如图 16-8、图 16-9、图 16-10、图 16-11 所示。

图 16-8　角色"爱心"的脚本

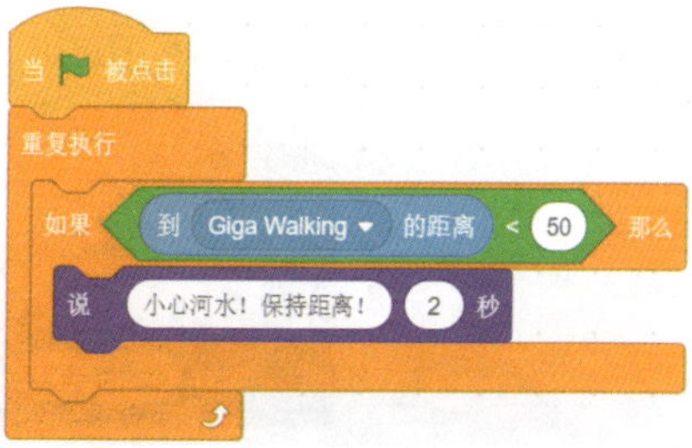

图 16-9　角色"提示牌"的脚本

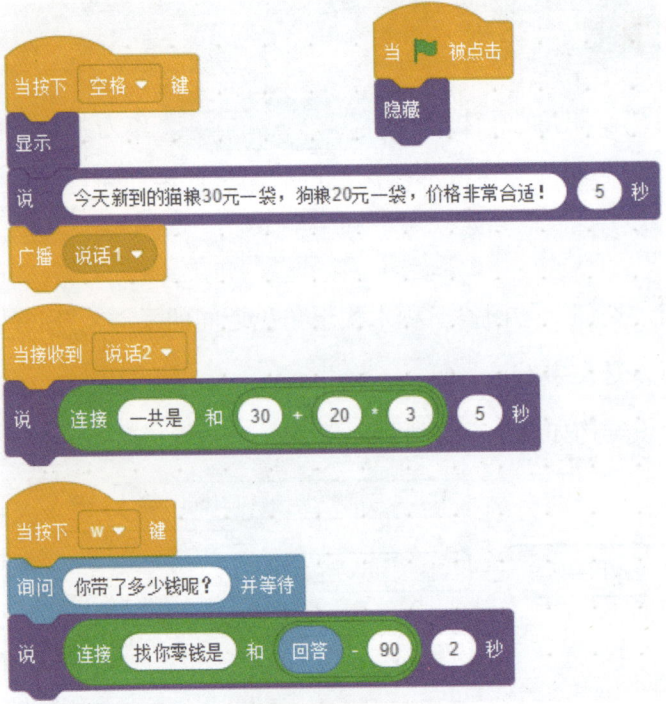

图 16-10 角色 Abby 的脚本

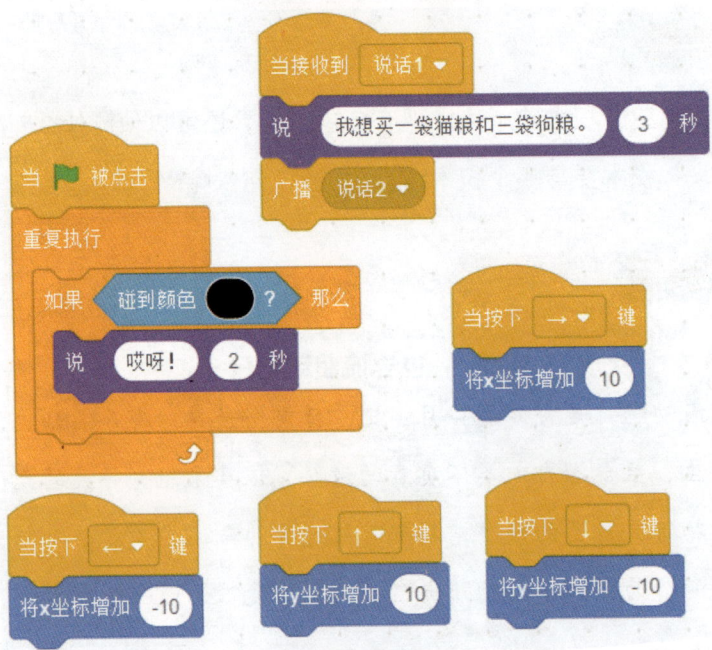

图 16-11 角色 Giga 的脚本

将作品保存到"作品"文件夹，命名为"询问和回答 .sb3"。

智慧点

（1）利用"侦测角色"积木  作为判断条件，实现角色间的互动。除了侦测现有角色外，还可以侦测鼠标指针和舞台边缘，学会灵活应用。

（2）利用"询问"、"回答"积木实现角色之间的互动，"回答"的内容不只是数字，还可以是文字、符号等。

本节的知识结构如图 16-12 所示。

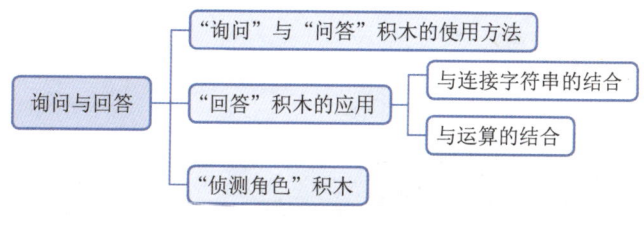

图 16-12　知识结构

思考题

1. "侦测角色"积木除了侦测现有角色之外，还可以侦测什么？

2. "回答"积木要与哪个积木结合才能侦测出对错？

知识链接

世界流浪动物日

世界流浪动物日是每年的 4 月 4 日，目前全世界约有 6 亿只流浪动物。流浪动物的产生，主要源自人类不负责的遗弃，以及未绝育导致的无限繁殖。每只流浪小动物都有自己的故事，都有着被遗弃的命运。关爱小动物，拒绝抛弃或虐待动物的行为，为小动物献出自己的一份爱心，做一个有责任、有爱心的社会公民。

第五章
垃圾分类游戏

本章将完成一个垃圾分类游戏项目。

游戏规则：游戏中会出现三类角色，即可回收垃圾桶、可回收垃圾、不可回收垃圾。

可回收垃圾桶随鼠标指针左右移动，如果接到的垃圾是可回收垃圾，加 1 分；如果接到的是不可回收垃圾，减 1 分。一轮游戏后，如果分数 =3 分，游戏成功，结束游戏；如果分数 <3 分，游戏失败，结束游戏。

游戏设计的整体思路如下图所示。

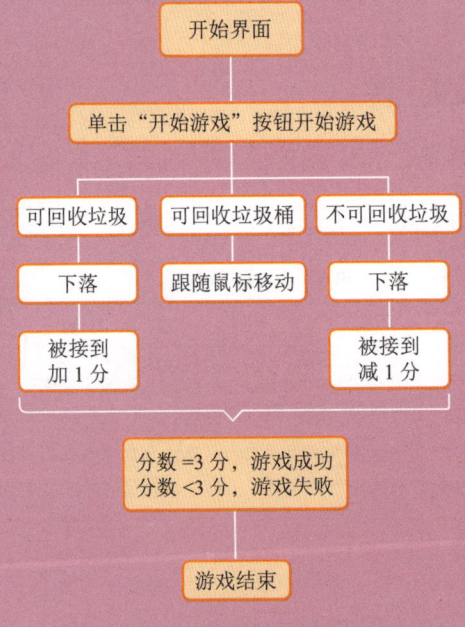

第17节　文字处理与鼠标侦测

　　一个好的游戏界面能够营造出很好的人机交互环境：界面要美观、操作简单并具有引导和交互功能。

　　垃圾分类游戏涉及四个界面：开始界面、游戏界面、成功界面、失败界面。本节详细介绍开始界面的制作。开始界面上会呈现出垃圾分类的知识。单击"开始游戏"按钮进入下一场景。

知识点

★ 设置多个游戏场景

★ 在背景中添加、编辑文字

★ 侦测鼠标是否被按下

任　务

　　制作一个游戏开始的界面，呈现垃圾分类的知识。单击"开始游戏"按钮进入下一场景，背景转换为游戏界面。

17.1　设置游戏场景

　　游戏共涉及四个背景，在游戏的不同阶段会根据需求进行背景切换。背景上也会根据游戏需要加上相应的文字说明，如表 17-1 所示。

表 17-1　背景设计

背 景 图 片	文 本 内 容
	垃圾分类小常识 　　生活垃圾一般按照可回收物、有害垃圾、厨余垃圾、其他垃圾进行"四分类"。可回收物收集容器的颜色为蓝色，有害垃圾收集容器的颜色为红色，厨余垃圾收集容器的颜色为绿色，其他垃圾收集容器的颜色为灰色。

续表

背 景 图 片	文 本 内 容
2 游戏界面 480 x 360	
3 成功界面 481 x 361	恭喜你，认识了不少可回收垃圾！
4 失败界面 481 x 361	加油，还要认真学习垃圾分类的知识哟！

1. 添加背景

在"背景"选项卡中依次添加四个背景：Blue Sky，Forest，Hearts，Hearts，分别修改名称为"开始界面"、"游戏界面"、"成功界面"、"失败界面"，并删除空白背景，如图 17-1 所示。

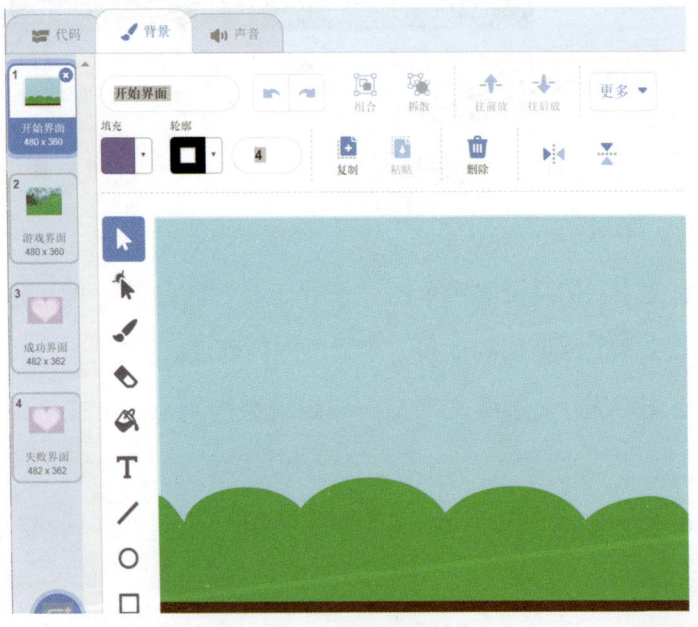

图 17-1　添加背景

2.添加文字

在"开始界面"背景中添加文字"垃圾分类小常识"。

选择"开始界面"背景，在绘图编辑器的工具栏中单击"文本工具"图标，在背景图片处单击，则会出现一个虚线框，在虚线框里输入文字"垃圾分类小常识"，如图 17-2 所示。

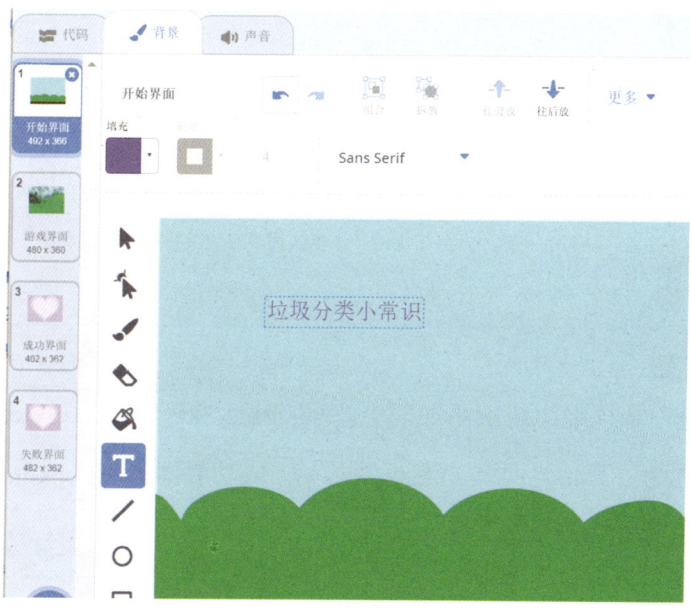

图 17-2　添加文字

3.编辑文字

在 Scratch 中可以对文字进行编辑，例如，改变文字的颜色和大小，旋转和移动文字位置，等等。

（1）选中文字：在编辑器中单击"选择工具"图标，即可选中文字，文字周围就会出现 8 个圆形控制点和一个弧形的控制点。

（2）改变文字大小：选中文字后，通过调整控制点改变文字的大小，如图 17-3 所示。

（3）改变文字方向：通过调整文字下方的图标，可以调整文字的方向，如图 17-4 所示。

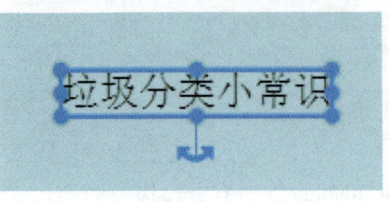
图 17-3　改变文字的大小

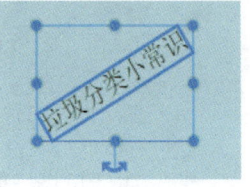
图 17-4　旋转文字

（4）编辑文字颜色：选中文字，单击"填充颜色"图标 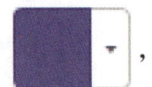，

在颜色处选择红色，也可以选择自己喜欢的颜色。如果想选黑色，则直接选择
"亮度"中的黑色部分，如图 17-5 所示。

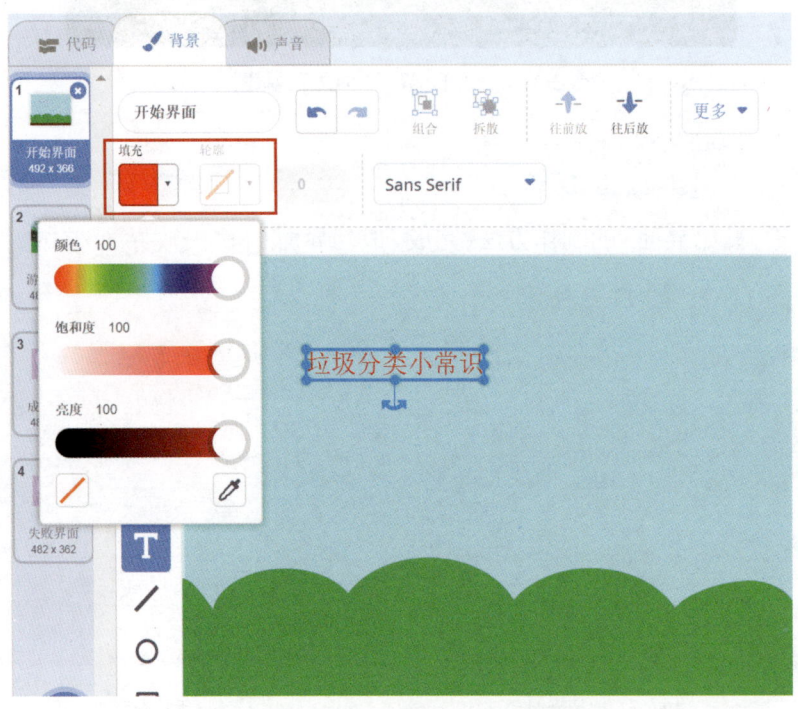
图 17-5　编辑文字

（5）在标题"垃圾分类小常识"下方继续添加垃圾分类的知识，内容见表
17-1。"开始界面"的文字效果，如图 17-6 所示。

垃圾分类小常识

生活垃圾一般按照可回收物、有害垃圾、厨余垃圾、其他垃圾进行"四分类"。可回收物收集容器的颜色为蓝色，有害垃圾收集容器的颜色为红色，厨余垃圾收集容器的颜色为绿色，其他垃圾收集容器的颜色为灰色。

图 17-6 "开始界面"的文字效果图

参照"开始界面"的制作方法，完成"成功界面"和"失败界面"的文字制作，分别如图 17-7、图 17-8 所示。

恭喜你，认识了不少可回收垃圾！

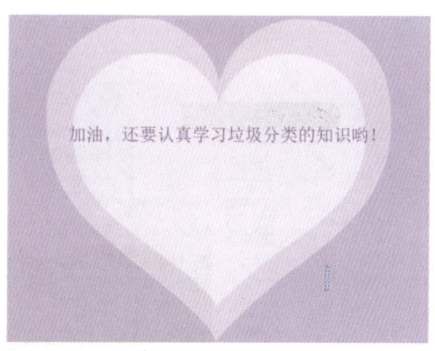

加油，还要认真学习垃圾分类的知识呦！

图 17-7 成功界面   图 17-8 失败界面

17.2 鼠标侦测

在背景"开始界面"中添加一个按钮——角色"开始游戏"。当鼠标在"开始游戏"按钮上单击时，就会跳转到游戏界面。此处要用到"侦测"模块中的

"鼠标侦测"积木 按下鼠标? 。"鼠标侦测"积木

按下鼠标? 一般用在"控制"模块带条件框的积木

图17-9 鼠标侦测脚本

中，判断鼠标键是否被按下。例如，当角色"开始游戏"
按钮侦测到鼠标被按下时隐藏，脚本如图17-9所示。

1. 在游戏开始界面添加"开始游戏"按钮

添加"开始游戏"按钮图片的方法有很多，可以上传角色，也可以从图库中
选择一个自己喜欢的角色作为按钮，还可以绘制一个按钮图片。此处用到的是导
入外部图像文件"素材\垃圾分类游戏\开始游戏.PNG"作为角色，如图17-10
所示。

图17-10 导入角色"开始游戏"

2. "鼠标侦测"积木

开始按钮：当"绿旗"按钮被单击时，显示角色"开始游戏"，如果按下鼠标，
角色"开始游戏"被隐藏，并广播消息"开始游戏"。

背景：游戏开始时，显示背景"开始界面"，接收到广播消息"开始游戏"时，
背景切换成"游戏界面"。

角色  和背景  的脚本编写分别如图 17-11，图 17-12 所示。

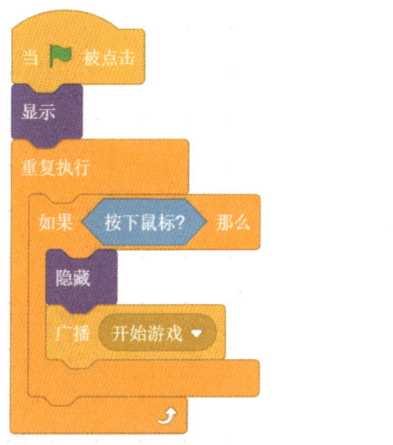

图 17-11　角色"开始游戏"的脚本　　　图 17-12　背景的脚本

小提示：角色"开始游戏"的脚本需要重复执行，否则程序判断一次，游戏就结束了。

单击"绿旗"按钮运行程序，并将作品保存到"作品"文件夹，命名为"文字处理与鼠标侦测 .sb3"。

智慧点

本节学习了"文字处理"与"鼠标侦测"功能。在文字处理学习中，设置了四个游戏背景，并在背景上添加和编辑文字。运用"侦测"模块中的"鼠标侦测"积木，为"开始游戏"按钮设置了交互动作。本节的知识结构如图 17-13 所示。

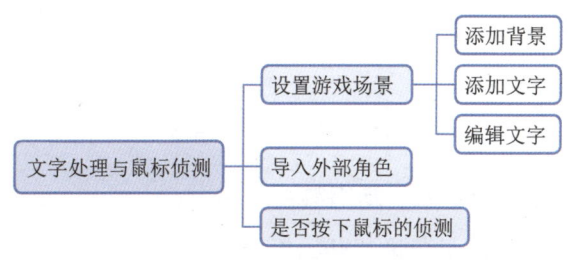

图 17-13　知识结构图

 **思考题**

1. 在背景中可以编辑文字，那么在角色造型中可不可以编辑文字呢？

2. 编辑文字时，如何改变文字的大小和方向？

3. 本节在使用"鼠标侦测"积木时，为什么要用到"循环"积木？其他侦测也同样需要用到"循环"积木吗？

知识链接

可回收物

可回收物标志如图 17-14 所示。

可回收物就是再生资源，是指生活垃圾中未经污染、适宜回收循环利用的废物，主要包括废弃电器或电子产品、废纸张、废塑料、废玻璃、废金属等五类，例如，废弃计算机、电视、塑料瓶、包装袋、塑料袋，废旧塑料文具、玻璃瓶、金属罐、沙发，等等，如图 17-15 所示。可回收物是现阶段生活垃圾分类的主要工作和影响垃圾减量的重要因素。

图 17-14 可回收物标志

图 17-15 可回收物

第18节 随机数与条件循环

在游戏开始界面单击"开始游戏"按钮后，跳转到了游戏界面。游戏中不同种类的垃圾从空中飘落下来，你能迅速地分辨哪些是可回收垃圾，哪些是不可回收垃圾吗？赶快移动可回收垃圾桶去接住正确的垃圾吧！

知识点

★ 用"随机数"积木设置随机位置

★ 学习"条件循环"积木的设计思路

★ 复制脚本的方法

任 务

编写程序：垃圾桶角色随鼠标移动，不同的垃圾角色从上方掉落下来，在下落过程中碰到垃圾桶的时候隐藏。

18.1 添加角色

本节会用到几个角色：垃圾桶、塑料水瓶、厨余垃圾橘子、旧报纸和废旧电脑。其中，塑料水瓶、旧报纸和废旧电脑都属于可回收垃圾。厨余垃圾橘子属于不可回收垃圾。

（1）从角色库中导入厨余垃圾橘子角色"Orange2"和废旧电脑角色"Laptop"，将两个角色大小均调整为"60"。

（2）导入外部图像文件作为角色："垃圾桶"（素材\垃圾分类游戏\垃圾桶.PNG）、"塑料水瓶"（素材\垃圾分类游戏\塑料水瓶.PNG）、"旧报纸"（素材\垃圾分类游戏\旧报纸.PNG），并分别将大小调整为"50"、"20"、"30"。

（3）在"背景"选项卡中选择"游戏界面"。

舞台效果如图18-1所示。

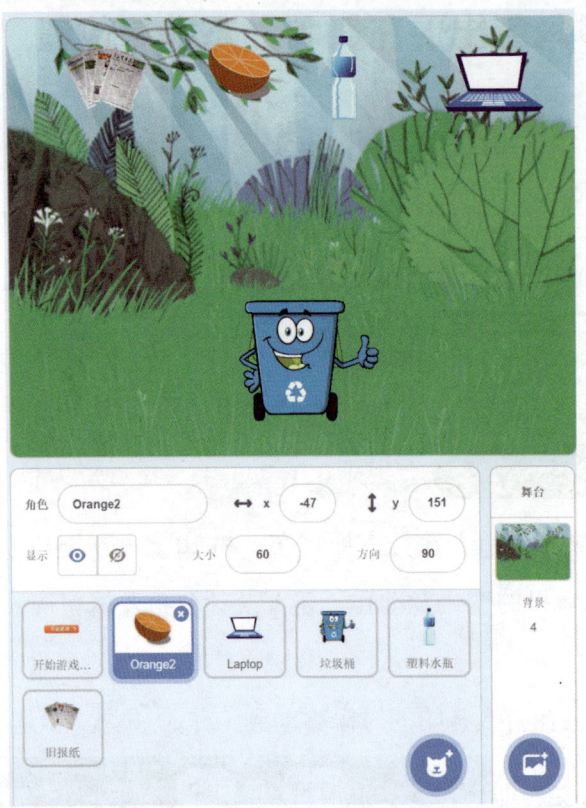

图 18-1　角色及背景

18.2　垃圾桶随鼠标移动

　　角色"垃圾桶"在游戏开始时状态为隐藏，当接收到"开始游戏"的广播消息时，显示出来，并且随着鼠标指针移动。角色"垃圾桶" 的脚本，如图 18-2 所示。

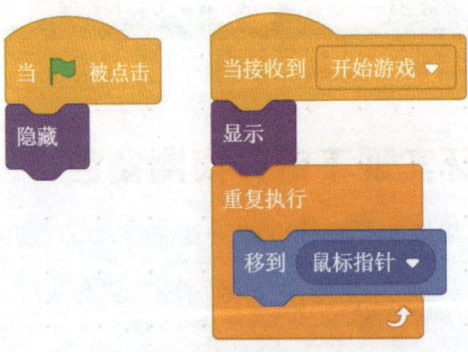

图 18-2　角色"垃圾桶"的脚本

18.3　垃圾角色出现在舞台上方随机位置

以废旧电脑角色"Laptop"为例编写程序。

角色开始状态为"隐藏"，当接收到"开始游戏"的广播消息时，像垃圾桶一样显示出来。垃圾桶是随着鼠标移动的，而垃圾"废旧电脑"需要从舞台的上方飘落下来，且出现的位置是不确定的。这里要用到"运算"模块中的随机数积木  ，让垃圾可以随机地出现在舞台上方的某个位置。随机数是指在某范围内的数字中随机选择一个数字。例如，积木 在 1 和 10 之间取随机数 会生成 0, 1, 2, 3, 4, 5, 6, 7, 8, 9 十个数字的序列，并且在 0 ~ 9 之间随机选择一个数，即"在 1 和 10 之间取随机数"。"随机数"积木一般用于模拟随机的变化及动作、研究统计分析及概率等，或在游戏中模拟角色的随机运动。

要使垃圾角色在游戏开始的时候移动到 (x, y) 位置。x 是 -180 和 180 之间的随机数，y 是 152，即 移到 x: 在 -180 和 180 之间取随机数 y: 152 。

垃圾角色接收到"游戏开始"的广播消息时显示出来，并移动到屏幕上方的随机位置，脚本如图 18-3 所示。

图 18-3　垃圾角色——"Laptop"的脚本

18.4　条件循环实现下落并侦测角色

在程序设计中，如果要执行规律性的重复操作，就需要用到"重复执行"积木，即循环语句。Scratch 中有三种结构："普通循环"、"有限次循环"、"条件循环"。

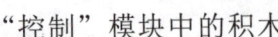

"控制"模块中的积木  在执行时先判断条件是否满足，

然后再执行循环。直到判断出条件为真时，就跳出循环，执行循环后边的积木指令。

在垃圾角色的程序编写中就可以用到条件循环。所有的垃圾角色如果没有碰到垃圾桶角色就一直重复下落动作，如果碰到垃圾桶角色就隐藏。条件循环检测脚本如图18-4所示。

图18-4 条件循环检测脚本

垃圾角色在游戏开始的时候要等待1秒再下落。以角色废旧电脑"Laptop"  为例，编写脚本如图18-5所示。

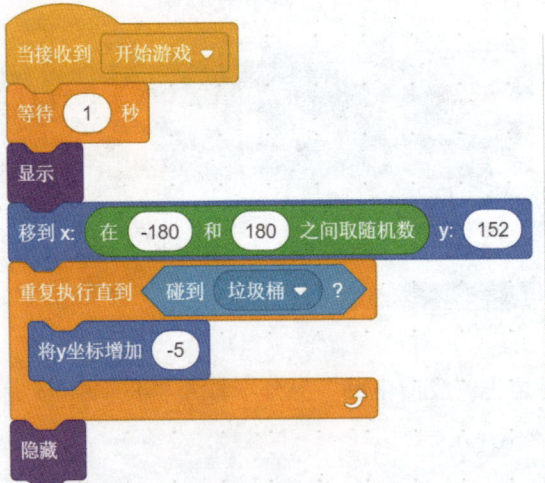

图18-5 角色"Laptop"的脚本

程序设计思路如图18-6所示。开始游戏时，角色重复下落，先判断角色是否会碰到垃圾桶，如果碰到就跳出循环，角色隐藏，如果没有碰到垃圾桶，就

125

继续重复执行下落的动作，一直到碰到垃圾桶。

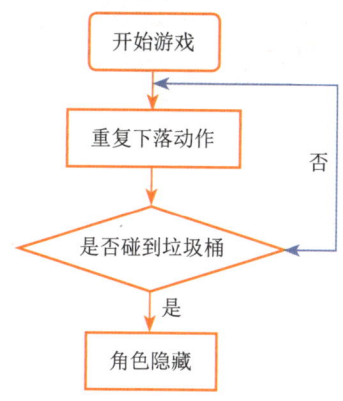

图18-6　条件循环流程示意图

18.5　脚本复制

其他垃圾的脚本与废旧电脑角色"Laptop"的脚本大致相同。可将废旧电脑的脚本复制给其他垃圾角色。

（1）单击角色"废旧电脑"，拖动 中的脚本到角色区的角色"塑料水瓶"附近，如图18-7所示，角色"塑料水瓶"会左右摇晃表明已选中，松开鼠标，这部分脚本就复制到角色"塑料水瓶"中。

图18-7　脚本复制

（2）将角色"废旧电脑"另外一段下落的脚本按步骤（1）的方法复制到角色"塑料水瓶"中。

（3）完成其他垃圾角色的脚本复制。

思考：如果垃圾的脚本都一样，运行时就会同时从上方一起飘落。游戏设计的垃圾掉落的时间是不同的，所以，还需更改一下等待时间。

修改后，角色"废旧电脑" 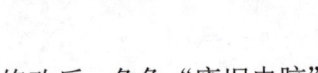、角色"塑料水瓶" 、角色"厨

余垃圾橘子" 、角色"旧报纸" 、角色"垃圾桶"  的

脚本分别如图 18-8、图 18-9、图 18-10、图 18-11、图 18-12 所示。

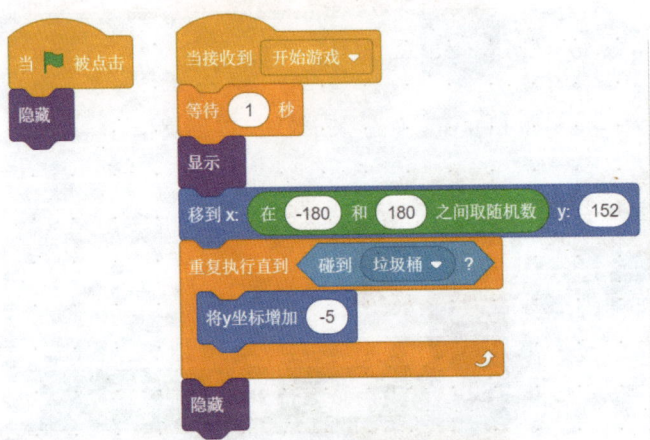

图 18-8　角色"废旧电脑"的脚本

图 18-9　角色"塑料水瓶"的脚本

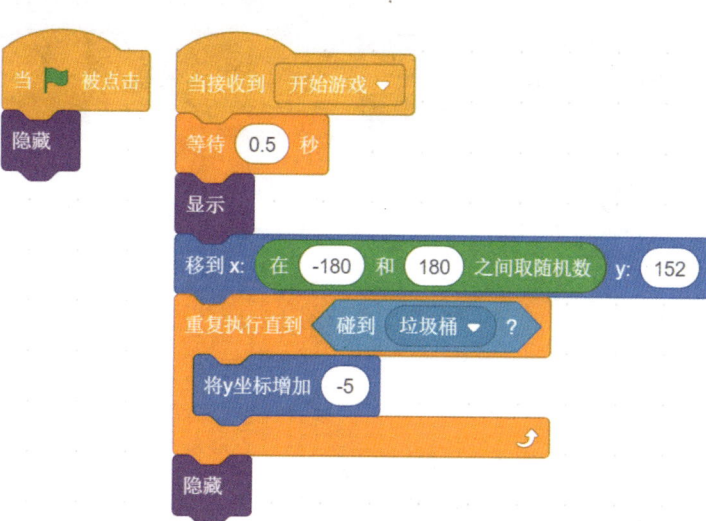

图 18-10　角色"厨余垃圾橘子"的脚本

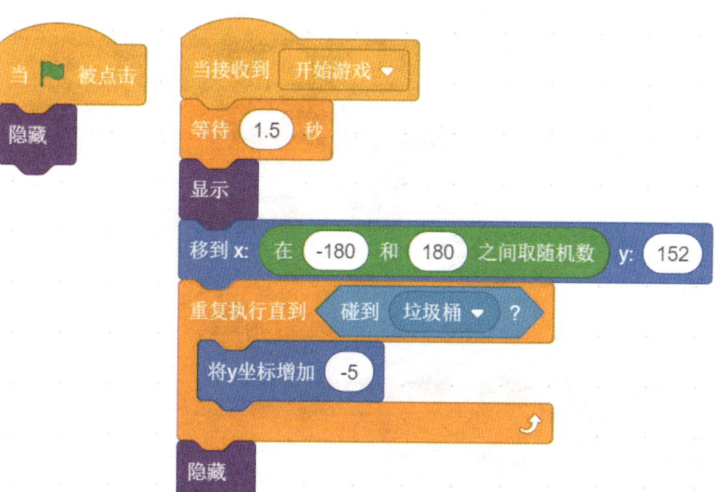

图 18-11　角色"旧报纸"的脚本

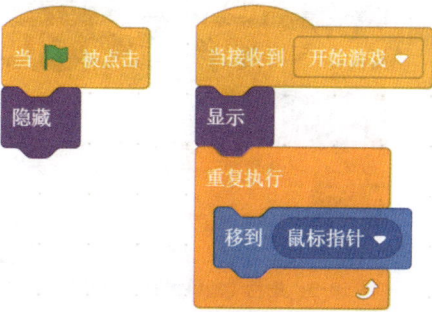

图 18-12　角色"垃圾桶"的脚本

单击"绿旗"按钮运行程序，垃圾就会从上方飘落下来，移动鼠标用垃圾桶去接住正确的垃圾。舞台效果如图 18-13 所示。

图 18-13　程序运行效果图

将作品保存到"作品"文件夹，命名为"垃圾 .sb3"。

智慧点

在编写游戏的时候用到随机数可以让游戏增加不可预测性，让游戏更有趣味。程序可以用"重复执行直到"积木来实现，也可以用"重复执行"积木中嵌套"条件"积木实现，到本节为止已经学习了三种循环类积木，如图 18-14 所示。

图 18-14　三种循环类积木

本节的知识结构如图 18-15 所示。

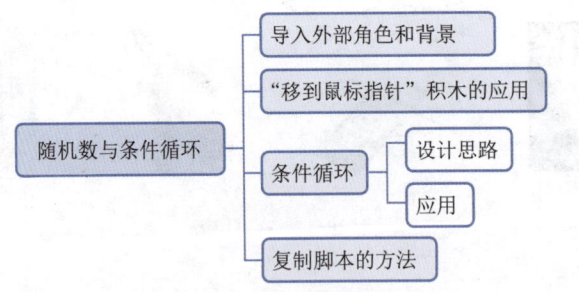

图 18-15　知识结构

❓ 思考题

1. 条件循环是"先判断再循环"，与"重复循环"、"固定次数循环"两种循环有什么区别，你能说一说吗？

2. 垃圾下落的速度可以再快一些，或者再慢一些吗？试着调整一下垃圾下落的速度。

📖 知识链接

有害垃圾

有害垃圾标志如图 18-16 所示。

图 18-16　有害垃圾标志

有害垃圾，是指生活垃圾中对人体健康或自然环境造成直接或潜在危害的物质，例如，纽扣电池、手机电池、荧光棒、废节能灯、过期药品、油漆等，如图 18-17 所示。有害垃圾必须单独收集、运输、存储，由环保部门认可的专业机构进行特殊安全处理。有害垃圾中不含普通干电池，如 1 号、5 号、7 号电池，因其生产已达到国家低汞或无汞技术要求，现作为其他垃圾投放。

图 18-17　有害垃圾

第19节　变　　量

玩游戏没有分数可不过瘾，游戏中有竞争机制才会更加吸引人。

垃圾分类游戏中要引入加分、减分的机制，如果接到正确的垃圾就加分，接到错误的垃圾要扣分。

知识点

★ 创建变量

★ 显示、隐藏变量

★ 使用变量实现简单的
　　加分、减分

任　务

可回收垃圾桶角色接到可回收垃圾时加 1 分，如果接到的不是可回收垃圾要减 1 分。

19.1　创建新变量

要实现加分和减分，需要使用变量来实现。

变量在编程中是这样一类字符，它可以是字母也可以是数字。它的值可以进行改变。在 Scratch 中，变量基本上都用于存储结果，更通俗地说，变量就好像一个不透明的盒子，可以在这个盒子里面放东西，然后根据里面放置的东西类型为盒子命名，如图 19-1 所示。盒子里的东西是可以变化的。

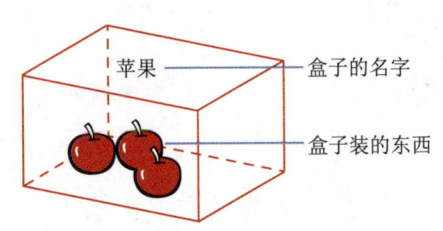

图 19-1　变量的含义

打开"作品"文件夹中的"垃圾 .sb3"。在积木指令区中的"变量"模块中，单击"建立一个变量"按钮，如图 19-2 所示。

在弹出的"新建变量"对话框中的"新变量名"下方，输入合适的变量名，

如"分数",如图 19-3 所示。根据实际情况,选择变量"适用于所有角色"或"仅适用于当前角色"。

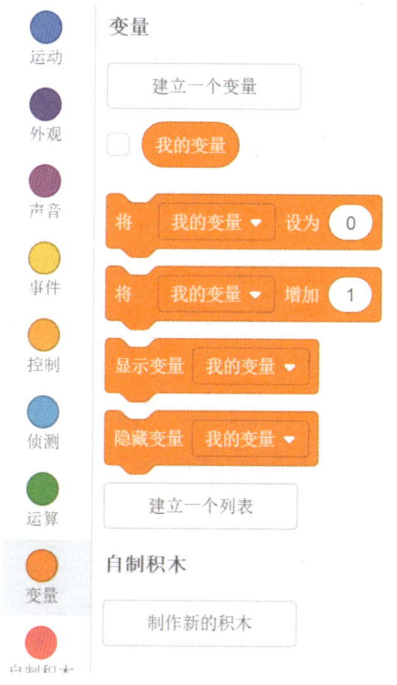

图 19-2　创新变量

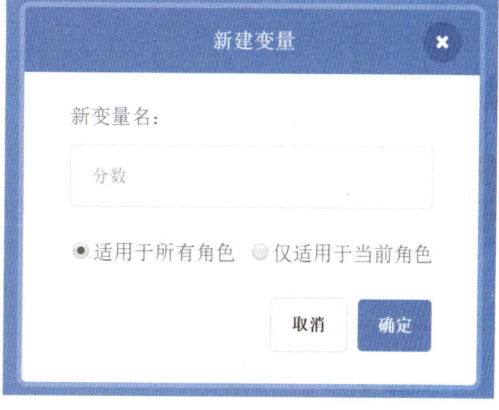

图 19-3　"新建变量"对话框

单击"确定"按钮,一个新的变量就创建好了,显示在积木指令区,如图 19-4 所示。

🔊 注意:"变量"积木中有一个初始变量"我的变量",可以直接右击修改变量名后使用,也可以删除后重新创建新变量。

19.2　显示、隐藏变量

创建好变量以后,会看到变量左边

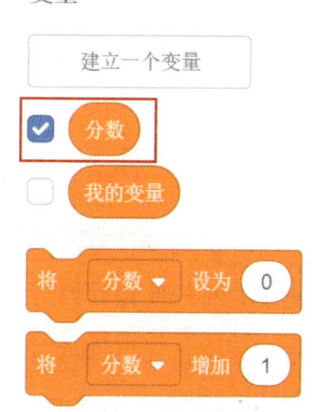

图 19-4　变量创建成功

有一个复选框,勾选复选框后,变量会显示在舞台上,如图 19-5 所示。相反,去掉复选框中的对钩,则变量不显示在舞台上。

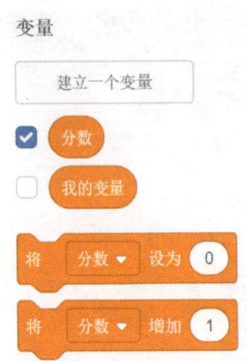

图 19-5　变量显示在舞台上

在游戏运行时，不需要变量一直显示在舞台上，可通过编程来实现隐藏和显示变量的效果。

单击"绿旗"按钮时出现的是"开始界面"，游戏还没有开始，所以不应该出现"分数"变量的值，因此要把它隐藏起来。当接收到"开始游戏"的广播消息时，"分数"变量才会显示出来。

将变量隐藏与显示的脚本放置在角色"塑料水瓶"的脚本中，如图 19-6所示。

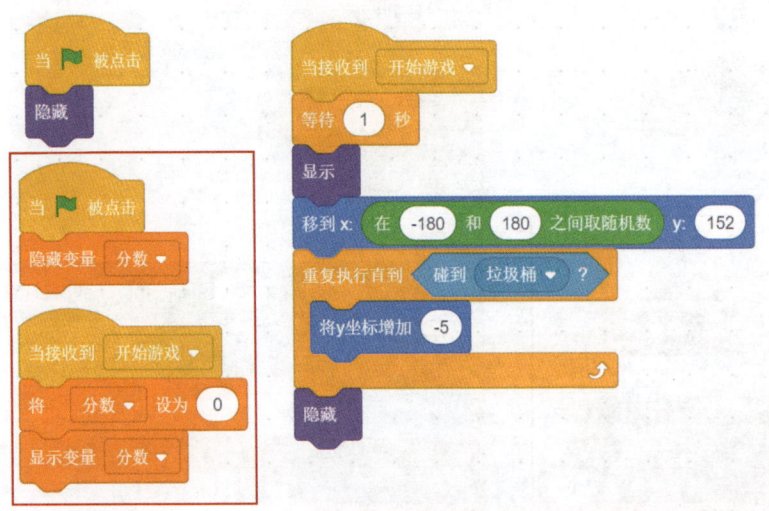

图 19-6　变量隐藏与显示的脚本

🔊 注意：

（1）当游戏开始的时候，分数要设为 0，否则每次重新单击"绿旗"按钮，仍保留着上一次游戏的分数。

（2）变量隐藏与显示这段脚本，可以放到任意一个角色中。但要注意在一个角色中有，就不需要在其他角色中重复编写。

19.3　加分、减分

加分：如果角色"垃圾桶"接到的垃圾是"可回收"的，那么变量就可以加1分，选择"变量"模块中的积木  来实现。单击下拉箭头，将"我的变量"改为"分数"。

减分：如果角色"垃圾桶"接到的垃圾是"不是可回收"的，那么变量就要减1分，也就是增加 -1分，也可选择"变量"模块中的积木

 来实现。

在游戏中，废旧电脑、旧报纸、塑料水瓶是可回收垃圾，厨余垃圾橘子是不可回收垃圾。所以，在前三个角色的脚本中，如果碰到垃圾桶要加分；在角色"厨余垃圾橘子"的脚本中，碰到垃圾桶要减分。各垃圾角色的脚本分别如图 19-7、图 19-8、图 19-9、图 19-10 所示。

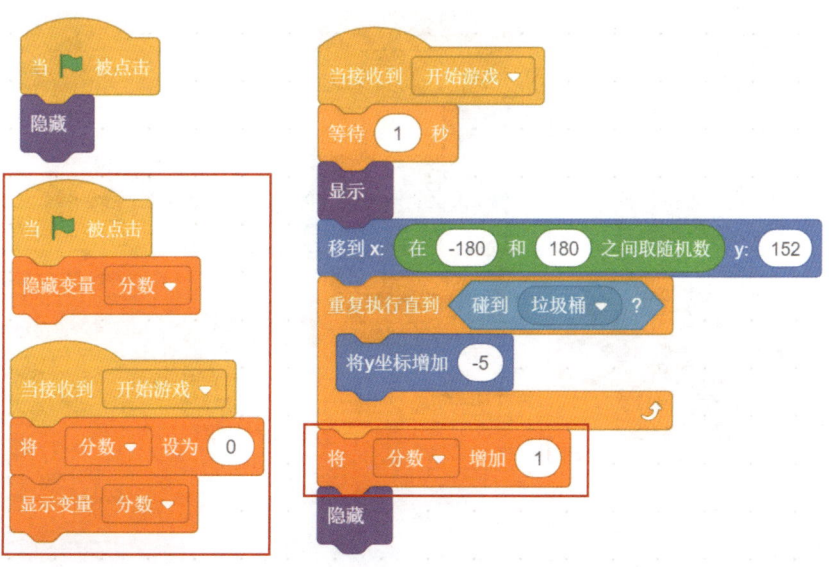

图 19-7　"可回收垃圾"角色 的脚本

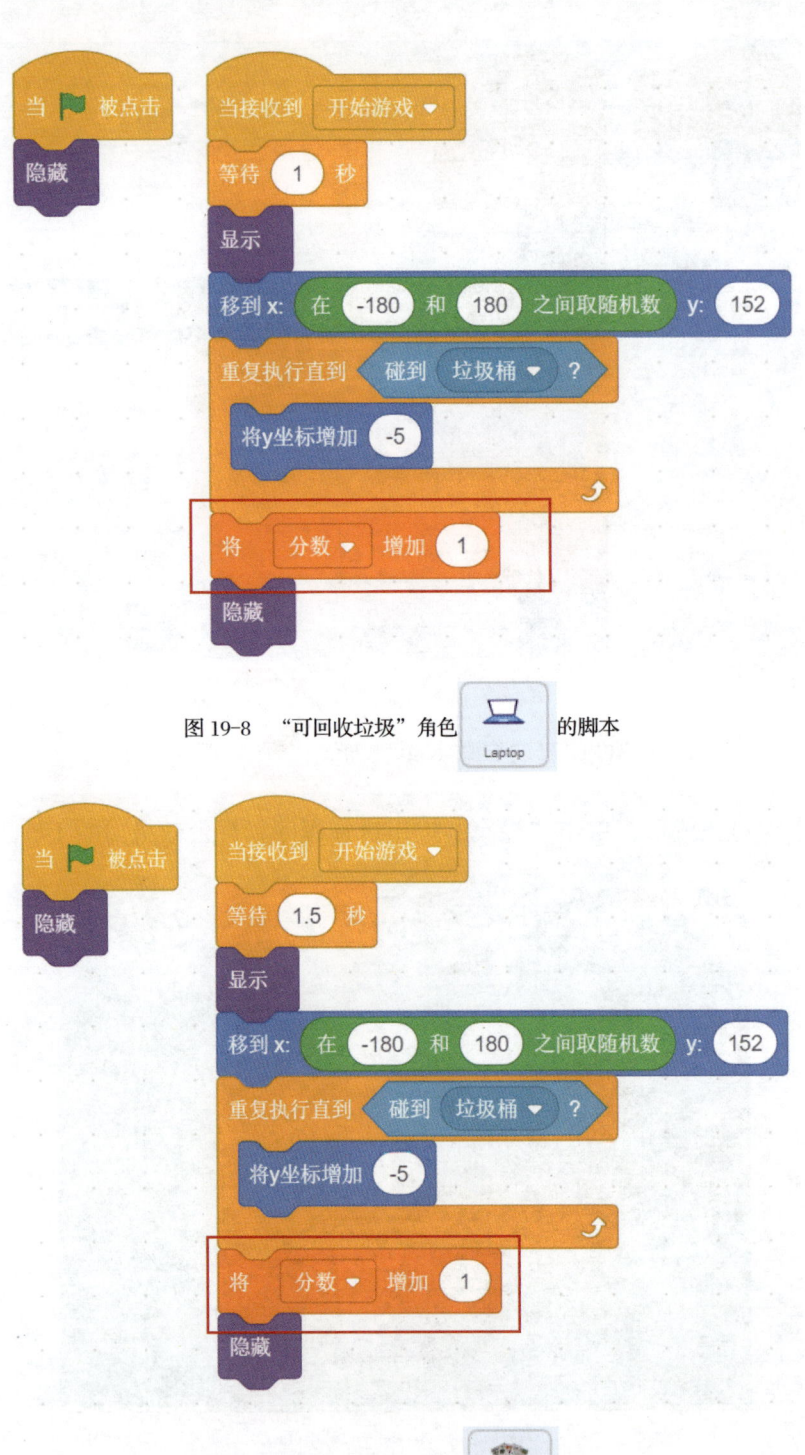

图 19-8　"可回收垃圾"角色 的脚本

图 19-9　"可回收垃圾"角色 的脚本

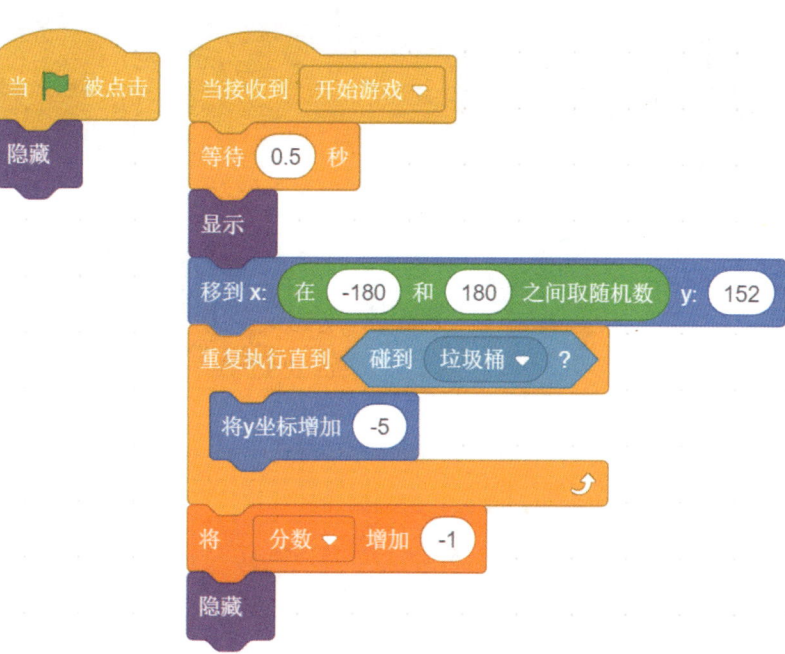

图 19-10 "不可回收垃圾"角色  的脚本

脚本编写完成后，单击"绿旗"按钮运行程序，舞台效果如图 19-11 所示。

图 19-11 程序运行效果图

 智慧点

变量是一个动态的数据，在动态的过程中实现数据的及时变更。当需要使用变量时，先通过"变量"模块创建变量，并赋予其一个有意义的名字。本节的知识结构如图19-12所示。

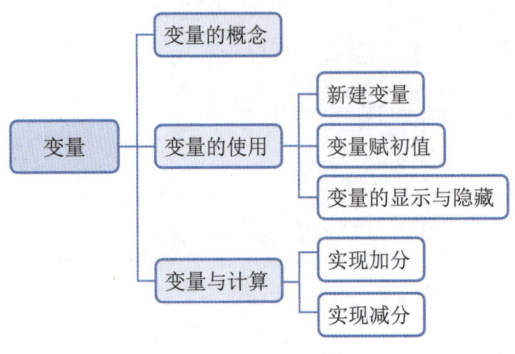

图19-12　知识结构

？ 思考题

1. 怎样修改变量的名称或删除变量？
2. 如果想让变量显示在舞台上，可以用哪些方法来实现？

知识链接

厨余垃圾

厨余垃圾标志如图19-13所示。

厨余垃圾是指居民日常生活及食品加工、饮食服务、单位供餐等活动中产生的垃圾，包括丢弃不用的菜叶、剩菜、剩饭、果皮、蛋壳、茶渣、骨头等，瓜子壳、花生壳也算。

纸巾、牙签等不可生化降解，需与厨余垃圾分开投放。

图19-13　厨余垃圾标志

第 20 节　关系运算符

游戏中有了分数，系统要对分数的多少进行判断，以决定游戏的结果。

如果游戏得分等于 3 分，那就说明已经认识了可回收垃圾，并能动作迅速地把它们都接住。

如果得分小于 3 分，说明对垃圾分类还不太熟悉，也可能是动作慢了些，需要继续努力。

知识点

★ 关系运算符的使用

★ 通过对变量的判断决定游戏的成功或失败

★ 结束脚本

任　务

如果游戏的最终"分数"等于 3 分，显示游戏成功的界面；如果最终"分数"小于 3 分，显示游戏失败的界面。不管成功还是失败，都要结束全部脚本。

20.1　关系运算符简介

游戏分数的判断离不开"运算"模块。在 Scratch 中，"运算"模块中有比较运算符和逻辑运算符。

1. 比较运算符

在 Scratch 中，比较运算符的模块可以用来比较大小，不仅能比较数字的大小，还能比较字母或字符串的大小。条件满足称为"真"（true），条件不满足称为"假"（false）。

（1）比较数字大小。比较两个数字（整数、小数均可）的大小，如图 20-1 所示，因为"1>2"是一个假命题，所以比较结果为"false"。

（2）比较字母大小。字母的大小是根据字母表的顺序而定的，在前面的字母比在后面的字母小（比较时不区分字母的大小写）。如图 20-2 所示，"B>a"是一个真命题，字母 B 在 a 的后面，而比较字母大小时是不区分大小写的，所以是真命题。

（3）比较字符串大小。Scratch 会依次比较每个字母的大小，当比较到某个位置的字母不一样时，字符串的大小也就判断出来了（不区分大小写）。另外，字符串的空格也会影响字符串大小的比较。如图 20-3 所示，"LOVE=L ove"，第二个字等串在字母"L"之后有一个空格，所以两个字符串不相同，等式比较结果为"false"。

图 20-1　比较数字大小　　图 20-2　比较字母大小　　图 20-3　比较字符串大小

2. 逻辑运算符

逻辑运算符有三种关系运算符："与"、"或"、"不成立"，如图 20-4 所示。

图 20-4　三种关系运算符

每个关系联结词所表示的含义如表 20-1 所示。

表 20-1　关系联结词的含义

关系联结词	含　义	举　例
与	两端都是真时，逻辑语句才能成立	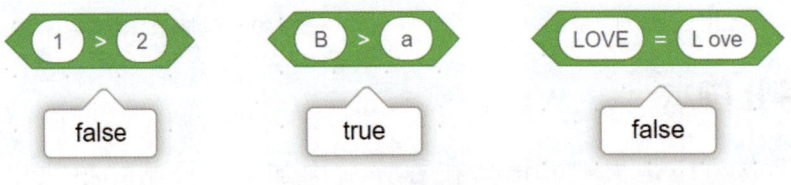
或	两端至少有一个是真的，逻辑语句就可以成立	
不成立（非）	B>A 不成立时，逻辑语句为真	

20.2　分数判断

　　如果变量"分数"的值等于3，那就说明接对了所有的可回收垃圾，则将背景换成"成功界面"，编写脚本如图20-5所示。

　　如果变量"分数"的值小于3，那就说明没有接对可回收垃圾，或者是没有接到，游戏失败，则将背景换成"失败界面"，编写脚本如图20-6所示。

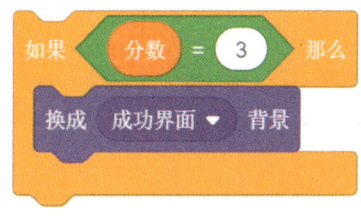　　

　　　图20-5　判断成功的脚本　　　　　　　　图20-6　判断失败的脚本

20.3 停止脚本

　　不管成功还是失败，都要在程序后面加上"控制"模块中的积木

停止 全部脚本 ▼ ，游戏就全部结束了。停止命令中有三个选择，代表了不同的

意思，因为此处要停止全部脚本，所以选择第一个选项，如图20-7所示。

图20-7　"停止"积木的三个选项

　　游戏成功、失败后结束全部脚本的角色脚本，如图20-8所示。

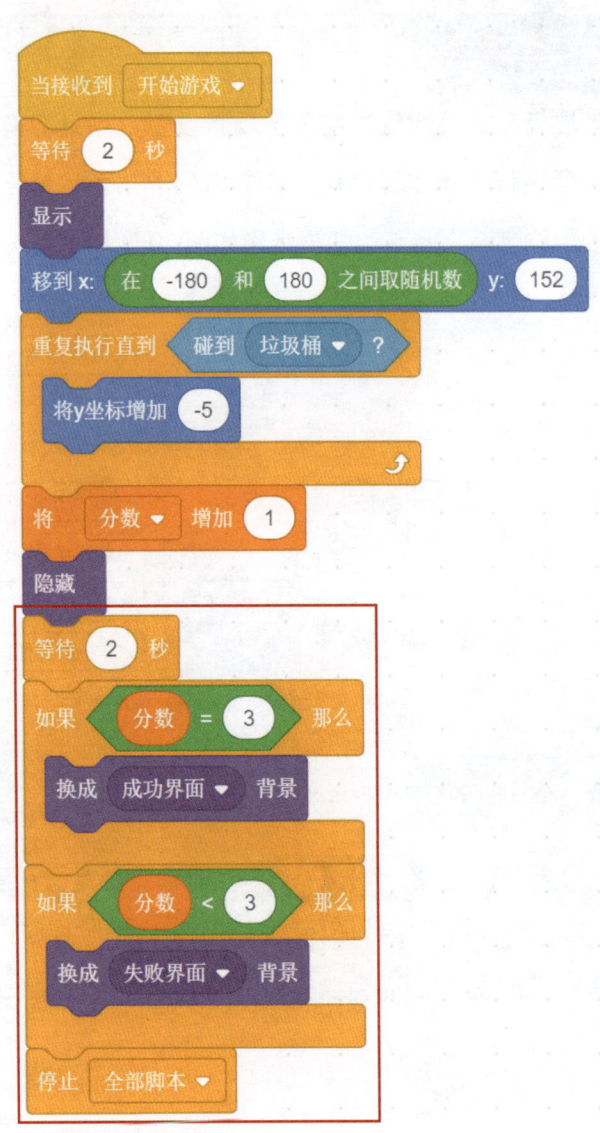

图 20-8　游戏成功、失败后结束全部脚本的角色脚本

🔊 注意：

（1）用于分数判断的脚本放在任何一个垃圾角色中都可以，本节选择放在了角色"塑料水瓶"中。

（2）脚本中的等待 2 秒，即垃圾从空中飘落到地上的时间。这个与设置的下降速度有关。可根据实际情况修改，使游戏效果更好。一场游戏结束后，程序对分数进行判断，弹出"成功界面"或"失败界面"的背景。

智慧点

垃圾分类游戏依次实现了场景设置、场景切换、按钮交互、角色侦测、关系判断及停止脚本等操作。本节用到了关系运算符，还对游戏进行了成功和失败的最终判断。本节的知识结构如图 20-9 所示。

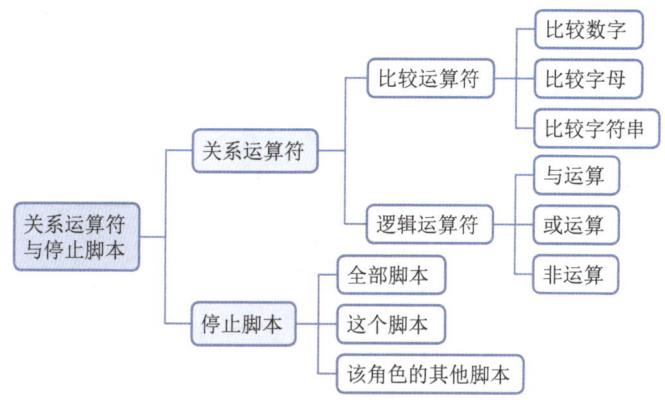

图 20-9 知识结构

思考题

1. 判断积木 ABC > ABD 是真命题还是假命题，为什么？

2. 试着使用"条件循环"积木，编写一段程序：角色一直下落，直到 y 坐标的值小于 -180 时，角色隐藏，并一直重复执行这个程序。

知识链接

其他垃圾

其他垃圾标志如图 20-10 所示。

其他垃圾，是指除可回收物、有害垃圾、厨余垃圾外的其他生活垃圾，即现环卫体系主要收集和处理的垃圾。例如，纸类、塑料类、玻璃类、金属类废弃物中不可回收的部分、灰土类、牙签、一性次筷子、抹布，等等。

图 20-10 其他垃圾标志

第六章
建造我们的花园

　　同学们，你们喜欢画画吗？喜欢用画笔描绘出各种美的景物吗？本章将学习利用"画笔"模块中的积木绘制美丽的花朵，来建造一个属于我们自己的花园。

　　本章前三节学习利用角色库中的角色来绘制花朵，可以绘制一个花瓣并将花瓣组成花朵；也可以绘制线条，将线条组合成花朵。最后展开想象力绘制一个花园，综合利用前面所学让花园里百花盛开、群芳争艳！

第21节　用图章绘制花朵

有一个小女孩名叫玛丽，她生活在克雷文姨父神秘阴沉的大房子里。有一天，她无意中发现了封闭已久的秘密花园。在那里，她发现了姨父和过世的姨母种植的各种植物。每一天她都能确定找到了新的植物，有些甚至还没有出土。这里已经有十年没人打理了。她环顾花园，想象着遍地是盛开的花儿和繁茂的藤叶，那该是多么醉人的景象！

知识点

- ★ 添加扩展模块"画笔"的方法
- ★ "图章"积木的使用
- ★ "图章"、"重复执行"、"旋转"积木的综合运用

任　务

编写程序，使用"图章"积木操控角色库中的角色来绘制秘密花园的花朵。

21.1　添加"画笔"模块

在 Scratch 的积木指令区中，并没有"画笔"模块及其相关积木。要先使用"添加扩展"按钮 ，添加扩展应用，如图 21-1 所示。

单击"添加扩展"按钮，会出现多个扩展应用。选择"画笔"，将它添加到积木指令区中，如图 21-2 所示。

"添加扩展"按钮

图 21-1　"添加扩展"按钮

图 21-2　添加"画笔"模块

21.2　使用图章

图章是什么，它具有怎样神奇的功能呢？

1. 认识图章

生活中有很多可爱的小图章，当为它沾上颜料时就可以在纸张上印出很多
和图章一模一样的图案来，如图 21-3 所示。

图 21-3　生活中的图章

在"画笔"模块中也有类似的功能积木，能够在舞台上印出多个和角色造型一模一样的图案来。我们可以把角色造型想象成图章模具，把舞台上的图案想象成在纸张上印出的图案。

角色区中当前的角色为默认角色——小猫，拖动积木  到脚本区，单击"图章"积木观察舞台效果。会发现小猫角色没有任何变化。此时，用鼠标拖动小猫角色到原位置的右侧，会发现在原来的地方已经印出了和小猫角色一样的图案来。能够拖动的是角色本身，留在原地不能够移动的就是印出的图案，如图 21-4 所示。

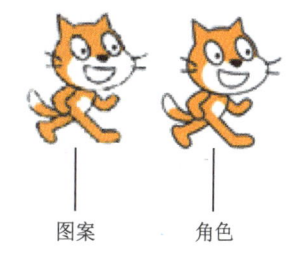

图案　　角色

图 21-4　用"图章"积木印出图案

试一试

你能印出多少个小猫的图案呢？怎么区分哪个是印出的图案，哪个是角色？

图章可以复制出角色的图案，但图案不是独立的角色，不能像角色一样移动，更不能对它进行脚本的编写。

2. 印出角色图案

Scratch 自带的角色库中有丰富的角色，都可以成为我们的画笔。运用"图章"积木结合"旋转"积木，就能印出和角色造型一样但角度不同的图案来。

导入角色库中角色"Heart Face"，并为其编写脚本，如图 21-5（a）所示。在脚本区单击脚本一次，然后移动角色到其他位置。会发现角色向右旋转了 90°。在原来的位置印下了一个心形图案，如图 21-5（b）所示。

（a）　　　　　　　　　　（b）

图 21-5　编写心形图案脚本

再次单击角色脚本，每次单击后都要移动角色位置，印下更多不同角度的图案来。

注意：每使用图章一次，都要用鼠标将角色移到另一个位置，这样才能看到印下的图案。

3. 清除画笔内容

使用角色作为画笔已经在舞台上画出很多图案了。但舞台会显得太满了，如何擦除掉这些图案？

在积木指令区单击"画笔"模块中的积木 [全部擦除]，可以擦除掉角色之外的所有图案，也可以将积木拖动到脚本区再单击清除。

21.3　绘制花朵

图章印出角色的图案，和我们要绘制的花园有什么关系呢？

生活中有很多花朵的花瓣都是相似的。将角色作为一个花瓣，再用"图章"积木来复制出角色图案，这样就能形成很多一样的花瓣。再结合"旋转"积木就能轻松绘制出丰富多彩的花朵。

147

你想过用生活中的围巾来做花瓣吗？下面我们将以角色"围巾"为例绘制花朵。

（1）在角色库中选择角色"Scarf" 。

（2）利用"图章"积木、"旋转"积木和"重复执行"积木绘制花朵，脚本如图 21-6 所示。

单击"绿旗"按钮运行程序，角色开始重复运行。当角色旋转满一周之后，要单击"停止"按钮●来停止程序运行。绘制的花朵如图 21-7 所示。

图 21-6　用"图章"积木绘制花朵

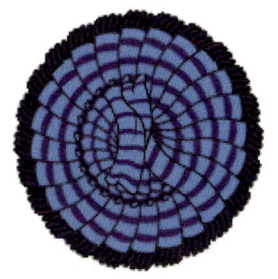

图 21-7　角色"围巾"绘制的花朵

1. 改变角色中心点绘制花朵

选中围巾角色，打开"造型"选项卡。在绘图区利用"选择"工具拖出一个矩形框，框住围巾并向右移动，可以看到造型的中心点（红色圆圈标注位置），如图 21-8 所示。

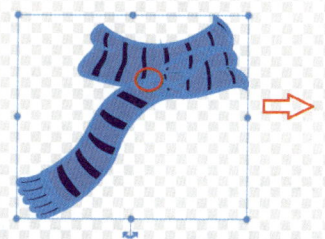
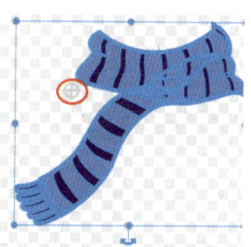

图 21-8　改变角色造型的中心点

角色是围绕造型的中心点进行旋转的，即中心点是角色的旋转中心。改变了角色的中心点位置，再次单击"绿旗"按钮，虽然还是一样的脚本，但绘制

的花朵却完全不一样。改变中心点前后的绘制效果如图 21-9 所示。

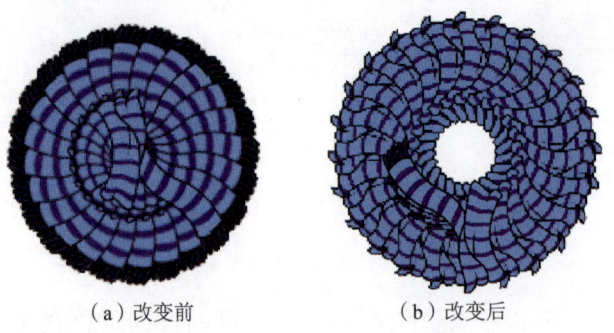

（a）改变前   （b）改变后

图 21-9　改变中心点前后的绘制效果

2. 改变旋转角度绘制花朵

除了改变角色在画布中的位置，还有什么方法可以创作出不同的花朵呢？

仔细观察图 21-6 中的脚本，还有哪些参数可以更改呢？

对！就是旋转角度。

通过改变旋转的角度，可以改变花瓣的疏密度，从而更自由地创作花朵。

例如，右转 15° 和右转 60° 绘制的效果分别如表 21-1 所示。

表 21-1　改变旋转角度绘制花朵

脚　　本	图　　案
当 ▶ 被点击 重复执行 　图章 　右转 ↻ 15 度	
当 ▶ 被点击 重复执行 　图章 　右转 ↻ 60 度	

将作品保存到"作品"文件夹，命名为"围巾花 .sb3"。

智慧点

"图章"积木的使用方法就像生活中的小印章，先要印一下，再拿开才可以看到图案。本节主要应用了角色库中的角色，结合"旋转"积木、"重复执行"积木，使印出的图案像花朵。影响绘制花朵的方法主要有两方面。

（1）角色旋转的中心就是画布的中心，可以移动角色在画布中的位置绘制出不同的花朵。

（2）旋转的角度越大，花瓣越稀疏；角度越小，花瓣越密。

本节的知识结构如图 21-10 所示。

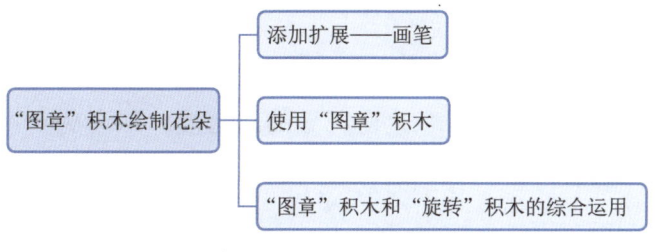

图 21-10　知识结构

思考题

1. 如果换成积木 [左转 ↺ 15 度] ，绘制出来的花朵会有所不同吗？

2. 如果在图 21-11（a）的脚本中加入"移动"积木变成图 21-11（b），能绘制出什么样的花朵呢？

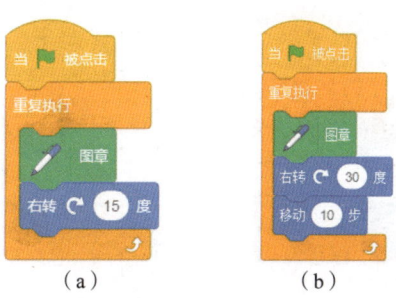

（a）　　　　　　（b）

图 21-11　思考题

布查特花园

在加拿大不列颠哥伦比亚省的维多利亚市，有一座远近闻名的布查特花园。这座家族花园从 1904 年开始修建，经过几代人的辛勤努力，已经成为园艺艺术领域中的一枝奇葩。

布查特花园占地 12 公顷，分 4 个大区域。一为新境花园，园中积土成山，有小径及石级可以攀登。花园四周围有曲栏，栏外斜坡上均有名花覆盖，山下有曲径环绕的人工小湖，有山泉奔流而下，水花直注水中，淙淙有声。二为意大利式花园，按古罗马宫苑设计，园旁围以剪成球形的长青树墙。内有两水池，星状池旁设花坞，蛙形喷水池中有意大利石雕，整个花园为对称的图案式结构。三为日本式花园，迎面为红色神宫门楼，颇具日本风格。园内遍植加拿大枫树、百合花、日本樱花和松杉，龙胆随翠竹起舞，白杨伴垂柳扬花。四为玫瑰园，园地宽广，玫瑰品类繁多，花团锦簇，锦绣天成。布查特花园景观如图 21-12 所示。

图 21-12　布查特花园

第 22 节　绘制花瓣角色

玛丽在秘密花园里发现了多种多样的植物，有雪莲花、番红花，还有一蓬蓬未经修剪的藤叶，很多很多，她已经目不暇接了！在这样奇异的环境中，她发现了很多不认识的花朵。你能想象这些花朵是什么样子的吗？椭圆形的花瓣？还是线条状的花瓣？

知识点

★ 位图和矢量图的简单区别

★ 绘制新角色

★ 绘制的角色和"图章"积木的综合应用

任　务

利用绘制的花瓣角色，创作出玛丽看到的奇异花朵。

22.1　位图和矢量图

Scratch 中有很多常用的画图工具，可以实现天马行空的想象。现在我们就来绘制一个独特的花瓣角色。

打开 Scratch，在角色区中单击"绘制"按钮，打开"造型"选项卡，如图 22-1 所示。

在造型窗口的绘图区下方，有一个绘图类型切换按钮。单击这个按钮，可以在位图和矢量图两种绘图模式之间转换。

位图，也叫点阵图，是由像素构成的图。如果把位图放大到一定程度时，就会发现它是由一个个的小格子组成的，这些小格子叫像素点。像素不够高的位图，画面看起来就会不够清晰。

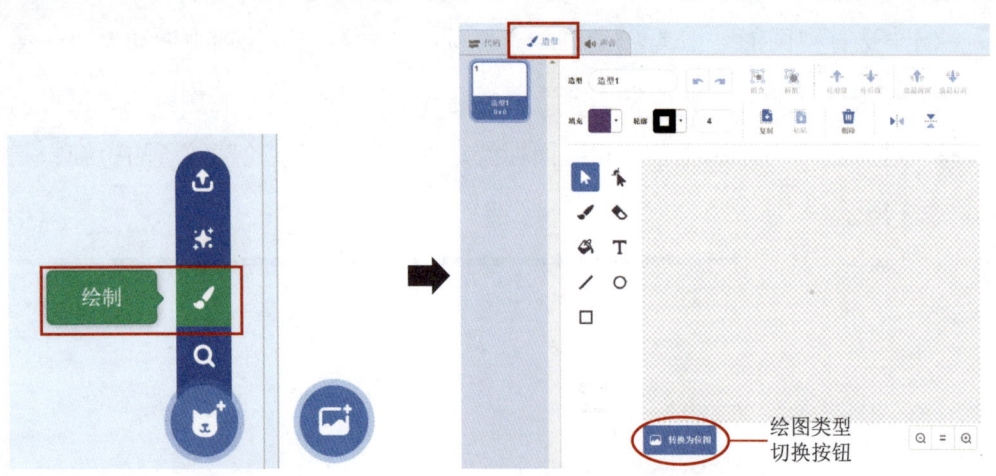

图 22-1　打开造型选项卡

矢量图，也叫向量图，它是根据几何特性来绘制图形的，矢量图文件存储量很小，画面清晰。

在接下来的学习中，以默认状态下的矢量图模式进行讲解。

22.2　绘制角色

绘图编辑区的绘图工具，如图 22-2 所示。

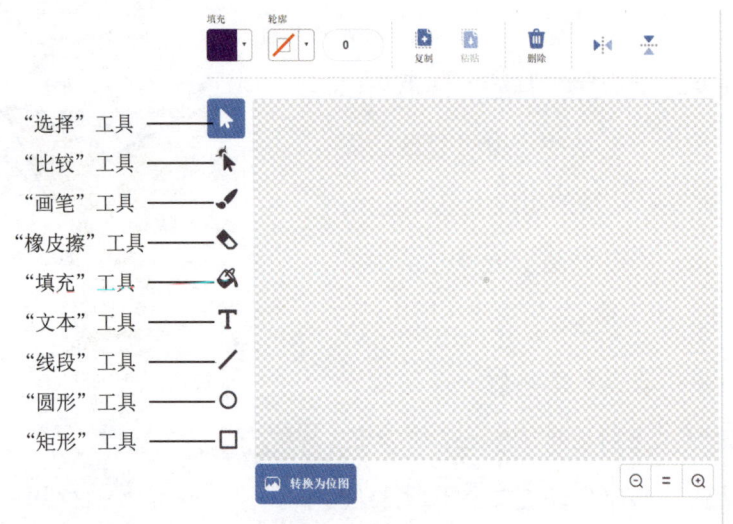

图 22-2　绘制工具

如何应用这些工具绘制角色呢？按照以下步骤，尝试绘制出一个花瓣角色吧！

153

（1）选择"圆形"工具绘制一个椭圆，在"填充"选项中拖动滑块选择一种自己喜欢的颜色。在"轮廓"选项中选择 ╱ ，代表没有轮廓颜色，也可以选择一种颜色作为轮廓颜色。轮廓图标旁边的数字代表该轮廓线条的粗细，如图 22-3 所示。

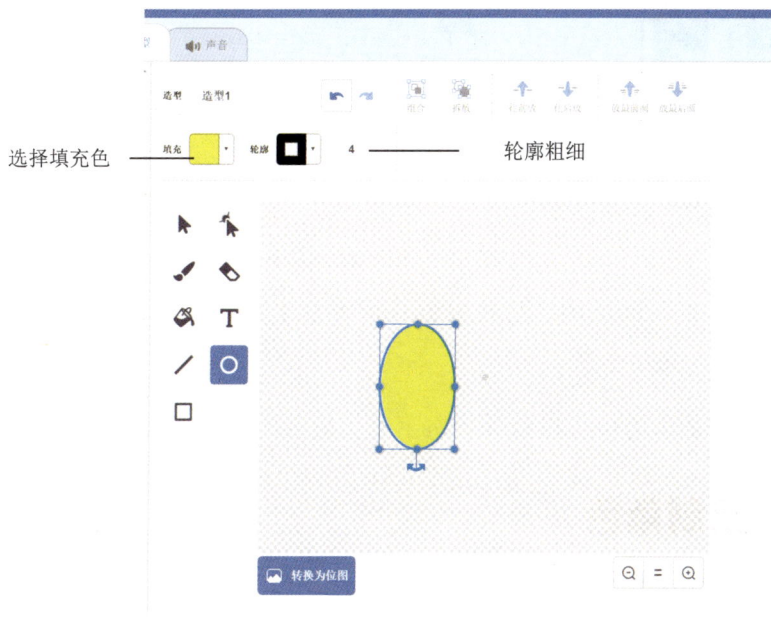

图 22-3　绘制一个椭圆

（2）选择"变形"工具 ，图形周围会出现很多控点，拖动控点就可以改变图形的形状。在图形边缘的实线上单击鼠标，可以增加控点。拖动椭圆上的控点绘制花瓣角色，如图 22-4 所示。

（3）利用"选择"工具 ，拖动鼠标选中全部图形，找到画布的中心，画布的中心是花朵的花心。拖动花瓣到合适的位置，如图 22-5 所示。

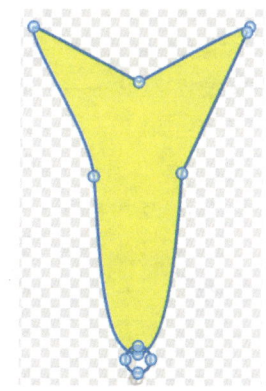

图 22-4　利用"变形"等工具绘制角色

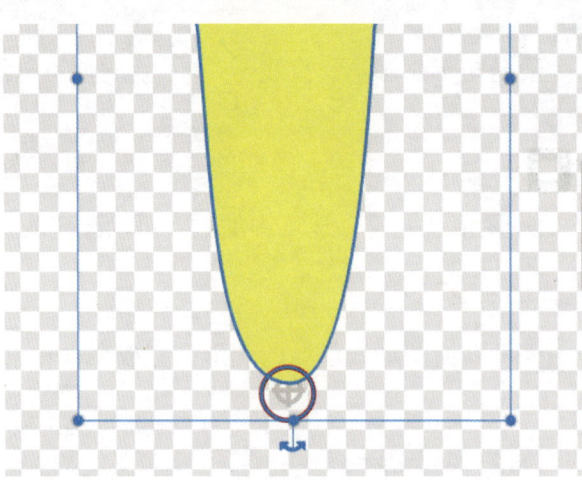

图 22-5　移动图形到画布适当位置

22.3　创作花朵

花瓣角色已经绘制好了，利用"图章"积木和"旋转"积木，通过修改旋转角度和角色的中心点就能够绘制出花瓣疏密不同、花心位置不同的形态各异的花朵，如表 22-1 所示。

表 22-1　利用绘制的角色创作花朵

花瓣的脚本	不同旋转角度	不同角色中心点
当 ▶ 被点击 重复执行 图章 右转 ⟳ 15 度		

将作品保存到"作品"文件夹，命名为"花朵 .sb3"。

智慧点

本节学习了通过绘制一个角色来创作花朵。绘制工具的使用方法很简单，但要工具之间配合使用才能相得益彰。

155

1. 图形工具：主要是矩形、圆形、直线  。它们可以组合成很多图形，配合 填充 ▼　轮廓 ▼　4 使用。图形的"填充"和"轮廓"选项都可以选择不同的颜色。改变图形"轮廓"选项中的数字可以改变线条粗细；图形也可以没有轮廓，则选择选项 ／。

2. 变形工具：↖ 可以使图形做任意的变形，完成个性化创作。它是一个非常有创意的工具。

本节的知识结构如图 22-6 所示。

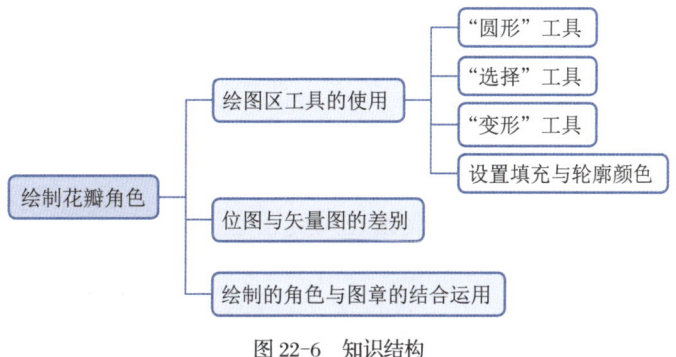

图 22-6　知识结构

❓ 思考题

1. 在 角色 ⸢角色1⸥ 中，将"角色 1"改为"花朵"，再观察角色区中的名称有什么变化？

2. 绘制图形时如果想让图形没有轮廓，该如何操作？

📖 知识链接

库肯霍夫花园

荷兰库肯霍夫花园不仅是世界上最美丽的花园，也是世界上最大的花园，被称为"欧洲花园"。

库肯霍夫花园只在每年三月到五月间对外开放，花园内郁金香的品种、数

量、质量及布置手法堪称世界之最。除了郁金香，这个花园还有百合花、水仙花和风信子，以及各类的球茎花，构成了一幅色彩斑斓的画卷。园中各类花卉达 600 万株以上，还有很多难得一见的珍稀品种。每年的春天，这里都将举行为期八周左右的花展，并展出许多雕塑和艺术作品，包括园艺、插花等。其中最让人瞩目的活动是花帽的展览，展出花卉在帽子设计方面的各种运用。库肯霍夫花园景观如图 22-7 所示。

图 22-7　库肯霍夫花园

第23节　线条变花朵

玛丽没有玩伴，所以她很想建造一个自己的花园，种上自己喜欢的花。她从园丁韦瑟斯达夫那里得到了帮助，还交到了一个好朋友迪肯。迪肯帮助她改造花园，还给她看自己留存的各种花的花籽。他们会种出什么样的花呢？

知识点

★ "落笔"和"抬笔"积木的使用

★ "移动"和"画笔"积木的综合运用

★ "颜色"和"粗细"积木的使用

任　务

绘制颜色和粗细各不相同的线条，并将线条组成花朵。

23.1　绘制线条

在舞台上绘制线条，就像拿着笔在纸上画画一样。那么谁是这支笔呢？就是我们选择的角色。角色就像画笔的外观造型，无论外观造型如何，影响线条绘制的还是笔芯的颜色和粗细。

"画笔"模块中有很多与绘制有关的积木。

：开始绘制。

：停止绘制。

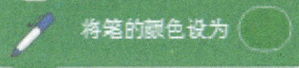：设置画笔绘制的颜色。

：设置画笔绘制线条的粗细。

1. 绘制实线

在绘制之前需要清空画布,然后设置画笔的颜色及粗细。开始绘制时要用"落笔"积木,笔尖落下之后要用"移动"积木实现画笔的移动,使用"抬笔"积木结束绘制。角色"小猫"画笔的脚本及绘制效果如图23-1所示。

图 23-1　绘制实线

试一试

更改画笔的颜色和画笔的粗细,绘制出不一样的线条。

2. 绘制虚线

想象在白纸上绘制虚线的步骤:绘制一条实线,抬笔,移动一段距离,落笔,绘制一条实线,再抬笔。依次绘制,就会形成虚线。

按照这个方法,编写脚本,绘制虚线如图23-2所示。

3. 绘制垂直线

默认状态下,绘制的线条都是水平向右的,因为画笔角色默认的方向是90°。如果想绘制出垂直的线条,需要使用"旋转"积木将角色的方向由90°变

成 0° 或 180°，如图 23-3 所示。

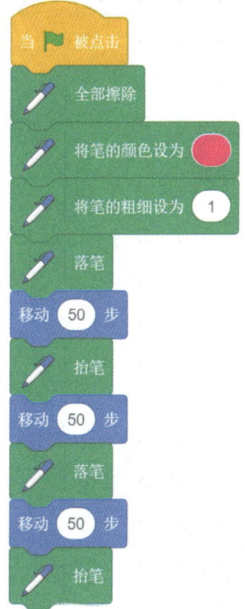

图 23-2　绘制虚线

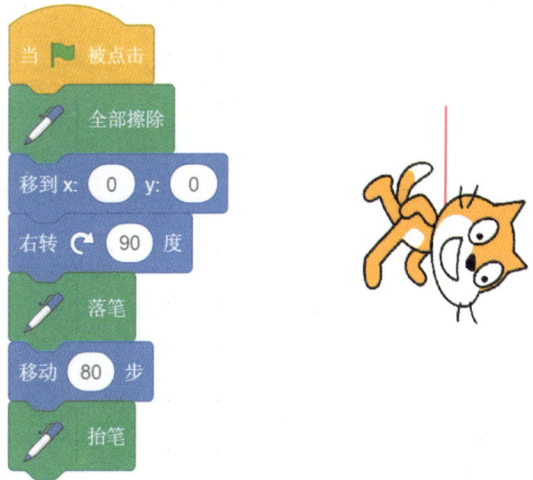

图 23-3　绘制垂直线

思考：加入"移到"积木  有什么作用？

提示：绘制线条时，角色经常会移到舞台的边缘处，利用"移到"积木可以让角色回到舞台中央。

23.2　线条组成花朵

1. 绘制花朵

线条如何组成花朵？画笔在坐标原点起旋转一定角度后，绘制一个线条，回到原点再进行旋转并绘制。绘制方法如图 23-4 所示。

每单击一次"绿旗"按钮，就绘制了一个线条。多次单击就会形成放射状的花朵形状。

每绘制一条直线旋转15°，需要单击多少次"绿旗"按钮，才能绘制出完整的花朵？

结论：需要单击 24 次。一个圆周是 360°。每次旋转 15°，360/15=24（次）。

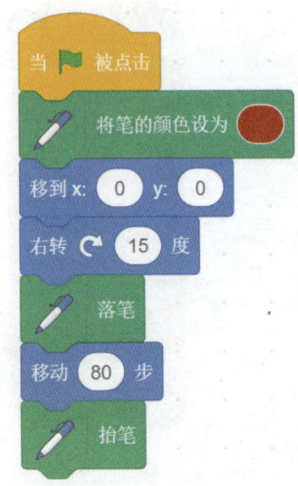

图 23-4　线条组成花朵

可以利用"循环固定次数"积木来减少对"绿旗"按钮的单击次数，让程序自动实现花朵绘制，脚本如图 23-5 所示。

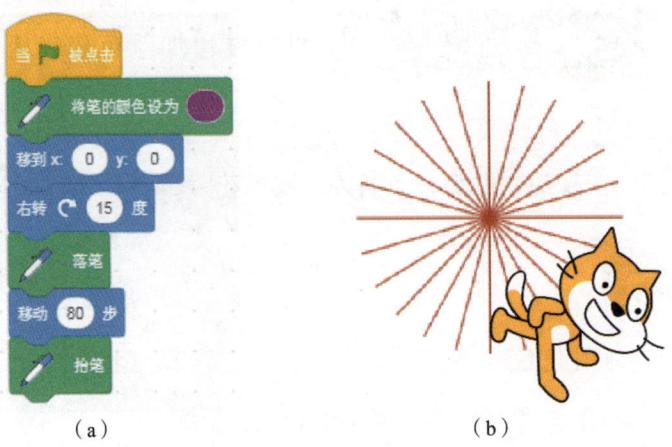

（a）　　　　　　　　　　（b）

图 23-5　自动绘制花朵

2. 丰富花朵

"画笔"模块中还有增加画笔颜色和增加画笔粗细的积木。结合这些积木能够让绘制的花朵更加丰富，如图 23-6 所示。

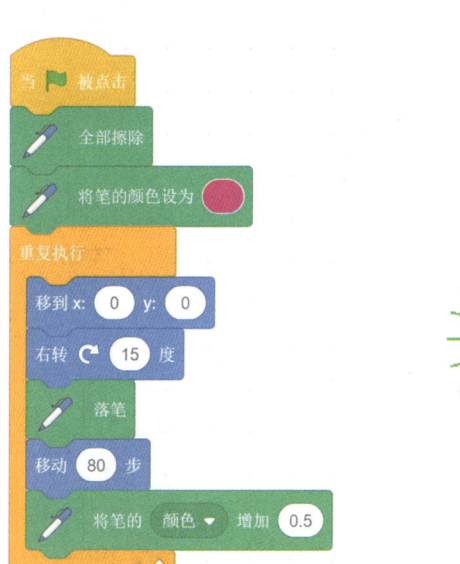

图 23-6　丰富花朵

思考：为什么积木 将笔的颜色设为 中笔的颜色是玫红色，如果不停止脚本，绘制出来的花朵却是多种颜色呢？

因为积木 将笔的 颜色 增加 0.5 可以反复增加颜色值，从而改变线条颜色。

保存作品到"作品"文件夹，命名为"线条花朵 .sb3"。

智慧点

本节学习了利用角色作为"画笔"，绘制任意长度和角度的直线。借助"画笔"模块中的积木，还可以改变线条的颜色和粗细。

1. 绘制多条线段可以用多次单击"绿旗"按钮的方式，也可以使用积木

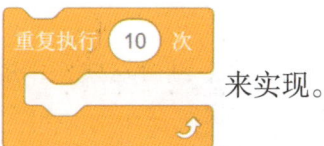

来实现。

2. 用积木 右转 15 度 绘制任意角度的直线。

3. 利用"画笔"模块中笔的"粗细"和"颜色"积木，可以使花朵的样式更加丰富多彩。

本节的知识结构如图 23-7 所示。

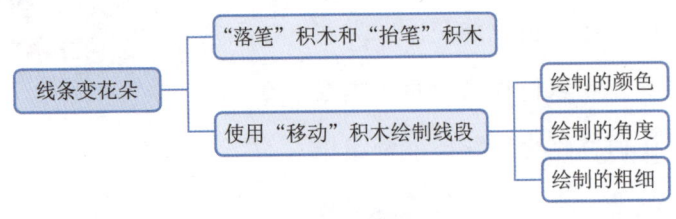

图 23-7　知识结构

❓思考题

1. 将积木 ![将笔的粗细增加 1] 放入图 23-2 的积木中，反复单击"绿旗"按钮，看看绘制出的虚线有什么变化？

2. 你能应用积木 ![将笔的粗细增加 1] 绘制花朵吗？

📖知识链接

宇宙思考花园

位于苏格兰西南部的邓弗里斯（Dumfries），是著名建筑评论家查尔斯·詹克斯于 1990 年建造的私家花园。

花园的建造设计源自科学和数学的灵感，建造者充分利用地形来表现这些主题，如黑洞、分形等。错落有致的纹路带来的绝不止一份独特的风景。整个苏格兰宇宙思考花园，蕴藏的是博大宇宙的奥秘。它是世界上最令人惊艳的花园之一，其魅力当然不仅在于景观的美丽，还在于每个角落与主题，都代表着人类不同的思考。宇宙思考花园景观如图 23-8 所示。

图 23-8　宇宙思考花园

第24节　构建花园

　　玛丽和迪肯建造着自己的花园，并将春天到来后的美丽景象讲述给一直卧病在床的柯林。这让柯林越来越盼望能够走出房屋，使自己健康起来，亲眼目睹这美丽的景象。终于，他开始爱吃饭了，走路的时间越来越长了，当他亲自走到花园中时，会看到一幅怎样的景象呢？用你的画笔描绘出来吧！

知识点

★ 使用绘图工具绘制背景
★ 复制、粘贴、填充、旋转、缩放图形

任　务

　　绘制花园的背景，并添加上各种花朵，建造一个完美的花园。

24.1　绘制背景

1. 绘制花园的主要景物

　　首先，想象一下，你心中的花园是什么样子的？除了花朵还有哪些景物？它们分别在什么位置？我们将绘制一个花园的背景，有太阳、绿树、窗户和藤蔓。藤蔓上挂满了绿绿的叶子。

　　（1）单击"选择一个背景"按钮，选择"绘制"命令，如图24-1所示。

　　（2）在"背景"选项卡中，用"圆形"工具绘制如图24-2所示的太阳。

　　（3）用"矩形"工具、"线段"工具绘制窗户，填充选择"无"，轮廓选择"黑色"，如图24-3所示。

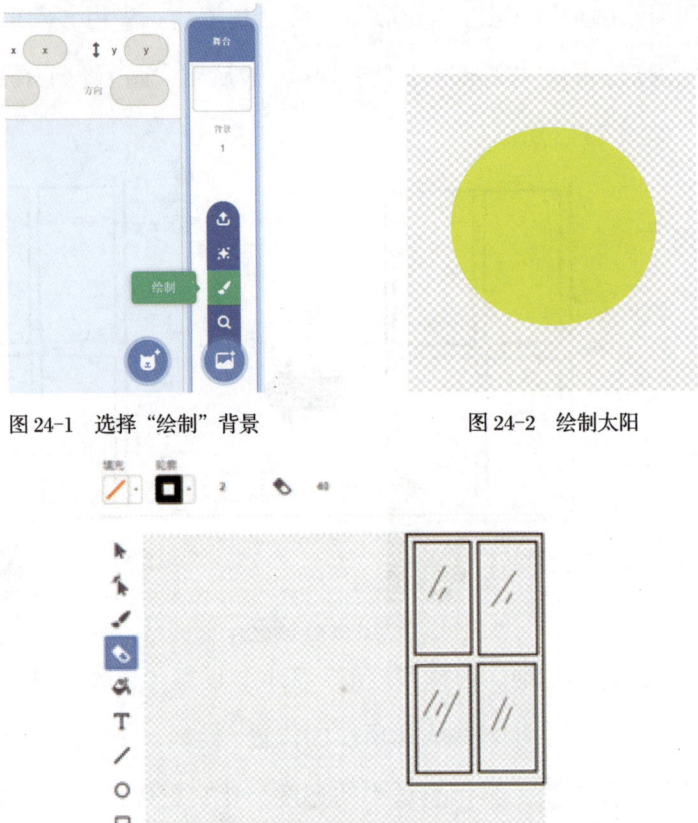

图 24-1　选择"绘制"背景　　　　图 24-2　绘制太阳

图 24-3　绘制窗户

（4）用"线段"工具、"变形"工具绘制藤蔓。先选择轮廓线为"绿色"，确定藤蔓的首尾，用线段工具画出直线。选择"变形"工具 ，单击直线上的任意一点，会出现控点，拖动控点，就可以使直线弯曲，如图 24-4 所示。

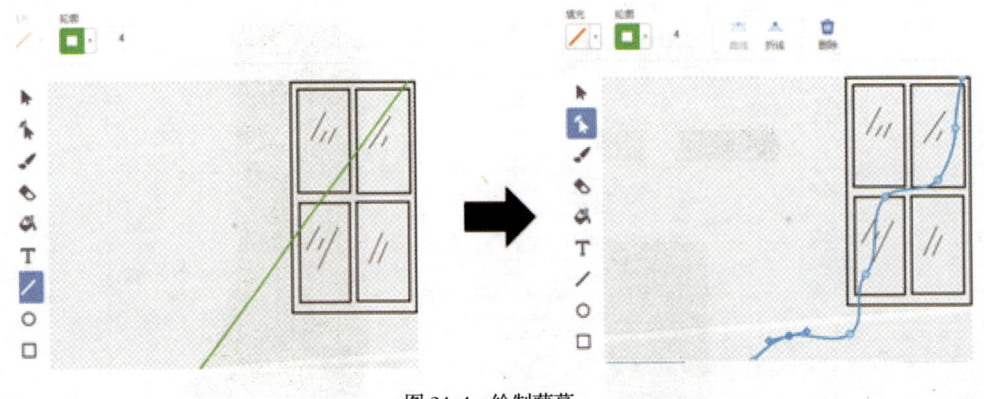

图 24-4　绘制藤蔓

（5）利用"圆形"工具、"变形"工具绘制植物。先用"圆形"工具绘制两个相交的椭圆形，再用"变形"工具做调整，最后用"画笔"工具点上一些黑点，会更有趣，如图 24-5 所示。

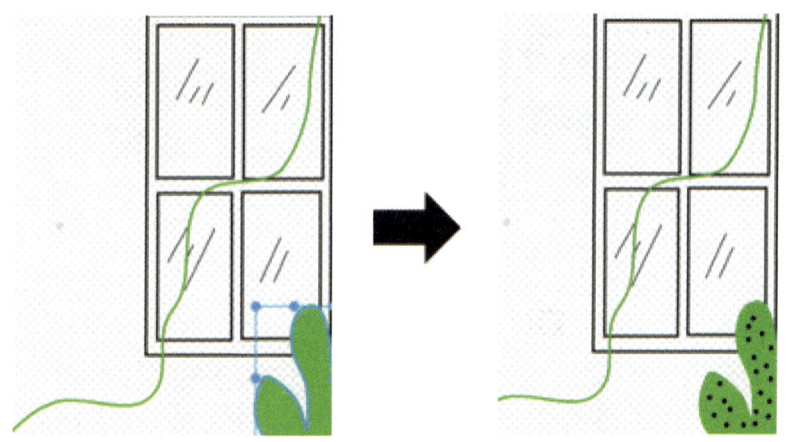

图 24-5　绘制植物

（6）绘制大树和草地。选择"矩形"工具，设置"轮廓"和"填充"为"棕色"，并在画布左下角，也就是大树所在的位置，绘制一个矩形，如图 24-6 所示。

（7）利用"变形"工具调整适当的弯度，让它更像树干的样子，如图 24-7 所示。

图 24-6　绘制矩形

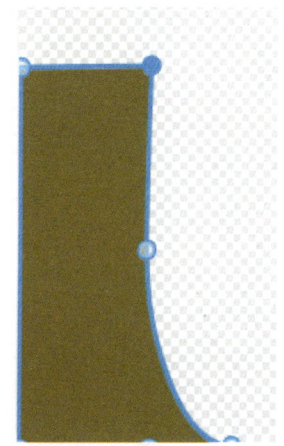

图 24-7　调整树干

（8）选择"圆形"工具，不要轮廓颜色，"填充"为"绿色"，也就是树冠的颜色，绘制多个不规则的椭圆形，叠加在一起，就绘制出树冠了。将绘制好的太阳置于大树顶部，如图 24-8 所示。

（9）绘制草地可以利用粗一些的画笔，勾出轮廓后，再使用画笔涂上色，如图 24-9 所示。

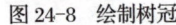

图 24-8　绘制树冠

图 24-9　绘制草地

（10）用画笔工具画叶子，并使用填充工具 🎨 为叶子填充上颜色，如图 24-10 所示。

图 24-10　绘制叶子

2.用绘图工具修改景物

（1）使用复制粘贴

画面中会有很多叶子，如果都用工具绘制，需要时间很长，也有一定难度。

我们可以先绘制一片叶子，再利用"复制"和"粘贴"命令，让叶子多起来。

操作步骤：先绘制一片叶子，再用"选择"工具选中叶子。依次单击"复制"、"粘贴"命令  ，会发现绘图区又出现了一片叶子，如图 24-11 所示。

（2）旋转、缩放景物

用"选择"工具 选择图形后，会发现周围有一个矩形选框，说明已经选中了它。在选框上有八个蓝色的控点，将鼠标放上去有双向的箭头，拖动鼠标就可以缩放图形的大小。同时，在选框下方还有旋转 的标志，拖动它就可以旋转图形。通过缩放和旋转，可以绘制出任意大小和角度的叶子，如图 24-12 所示。

图 24-11　复制叶子　　　　图 24-12　绘制大小和角度不同的叶子

利用以上方法可以制作出多片叶子，同样，也可以再加一些藤蔓，使画面更丰富，绘制的背景如图 24-13 所示。

图 24-13　绘制背景

24.2　添加花朵

绘制好了背景,就可以把花朵添加进来了。我们以"图章"积木绘制花朵为例,完善花园。"图章"积木可以印出角色的图案,脚本编写也比较简单。

1. 调整角色大小

要使花朵和背景匹配,需要调整好花朵的大小。观看舞台上角色的大小,通过角色区的"大小"属性来调整。

2. 除去角色脚本上的"绿旗"积木

将所有角色脚本上的"绿旗"积木去掉,否则所有角色会一起执行,如图24-14所示。

图24-14　去掉"绿旗"积木

3. 注意"全部删除"积木的使用

与使用"画笔"一样,要编辑好脚本再绘制,否则"全部删除"积木会将之前绘制的所有角色都删除掉。

4. 丰富角色

可以在角色造型中适当修改,或者从角色库中加入新的角色,使花朵更丰富。

注意:有的角色使用"图章"积木,有的角色是作为"画笔"绘制线条,注意使用方法有所区别。

24.3　完善作品

将作品尽量完善，如适当增加景物，云彩、小鸟，等等，使画面更生动。利用"T"文字工具添加文字，写上标题——我的秘密花园，如图 24-15 所示。发挥你的想象力，建造自己的花园吧！

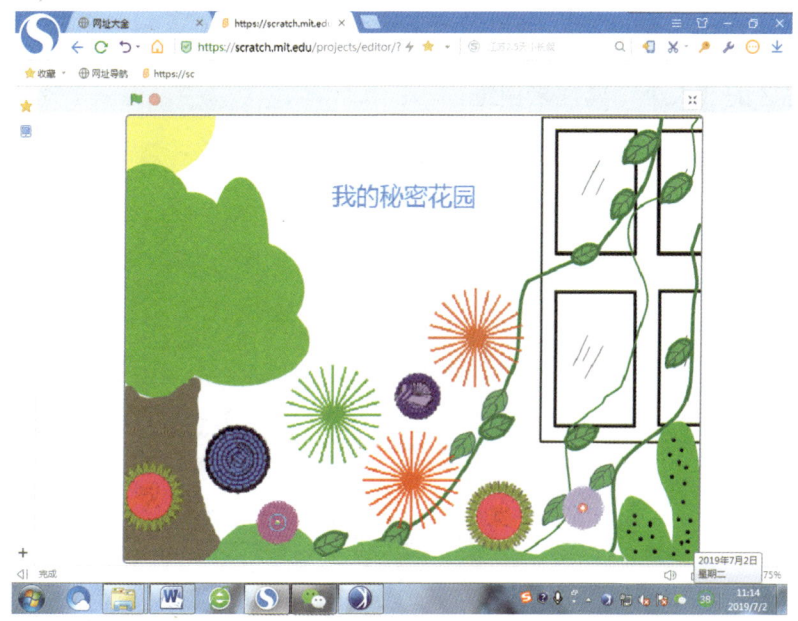

图 24-15　完成作品

将最终作品保存"作品"文件夹，命名为"我的秘密花园 .sb3"。到此，我们的花园已经完工。

智慧点

本节完成了花园的建造，考验脚本编写的实际应用能力。

1. 熟练应用绘图工具，编辑角色和背景。

2. 会利用"复制"、"粘贴"、"填充"、"旋转"、"缩放"命令修改图形。

3. 能根据实际需要，在角色区修改角色的大小属性，改变花朵的大小。

本节的知识结构如图 24-16 所示。

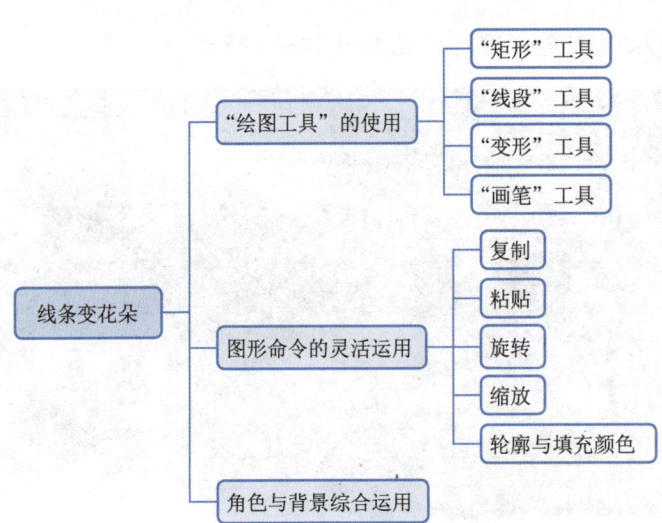

图 24-16 知识结构

❓ 思考题

尝试为同一个角色增加不同的造型，用同样的脚本，绘制更加丰富的花朵，如图 24-17 所示。

图 24-17 为角色创作不同的造型

📖 知识链接

莫奈花园

法国的莫奈花园是世界上十大最美丽的花园之一。它是法国著名画家莫奈的故居，分为花园和水园两部分。莫奈既是著名的画家，还是出色的园艺家。他根据花木自身的生长形态来设计花园，植株高低错落有致。

花园又称诺曼底园，位于房前，呈长方形，占地约一公顷，原为菜园和果园。水园是一个人工湖，岸边种满了垂柳和竹林，树木参天，曲径通幽，几座绿色小桥跨于如镜的池水之上，水园的规划处处流露着日本园林的影子，给人一种参禅入定之感。水园中种满了睡莲。水园中的桥和睡莲是莫奈作品日本桥系列

171

和睡莲系列的原型。莫奈花园景观如图 24-18 所示。

图 24-18　莫奈花园